T0225113

Forschungsreihe der FH Münster

Die Fachhochschule Münster zeichnet jährlich hervorragende Abschlussarbeiten aus allen Fachbereichen der Hochschule aus. Unter dem Dach der vier Säulen Ingenieurwesen, Soziales, Gestaltung und Wirtschaft bietet die Fachhochschule Münster eine enorme Breite an fachspezifischen Arbeitsgebieten. Die in der Reihe publizierten Masterarbeiten bilden dabei die umfassende, thematische Vielfalt sowie die Expertise der Nachwuchswissenschaftler dieses Hochschulstandortes ab.

Weitere Bände in der Reihe http://www.springer.com/series/13854

Christina Niers

Ernährungszustand und Schulverpflegung in Kenia

Christina Niers
Osnabrück, Deutschland

ISSN 2570-3307   ISSN 2570-3315   (electronic)
Forschungsreihe der FH Münster
ISBN 978-3-658-31684-6   ISBN 978-3-658-31685-3   (eBook)
https://doi.org/10.1007/978-3-658-31685-3

Die Deutsche Nationalbibliothek verzeichnet diese Publikation in der Deutschen Nationalbiblio-grafie; detaillierte bibliografische Daten sind im Internet über http://dnb.d-nb.de abrufbar.

Planung/Lektorat: Carina Reibold
Springer Spektrum ist ein Imprint der eingetragenen Gesellschaft Springer Fachmedien Wiesbaden GmbH und ist ein Teil von Springer Nature.
Die Anschrift der Gesellschaft ist: Abraham-Lincoln-Str. 46, 65189 Wiesbaden, Germany

Zusammenfassung

Einleitung: Weltweit hungern 821 Millionen Menschen. 98 % dieser Menschen leben in Entwicklungsländern. Für Kinder bis zum fünften Lebensjahr ist eine Mangel- und Unterernährung besonders gefährlich. Durch eine chronische Unterernährung kann es bei ihnen zu irreversiblem Stunting kommen, einem verringerten Längenwachstum. Durch eine akute Unterernährung kann es bei ihnen zu Wasting kommen, einer sogenannten Auszerrung. Der Mikronährstoffmangel stellt ebenso ein globales Problem dar. In Kenia waren im Jahr 2014 4,2 % der Kinder bis zum fünften Lebensjahr von Wasting und 26,2 % von Stunting betroffen.

Ziel: Das Ziel dieser Arbeit war es, den Ernährungszustand von 174 Vorschul- und Schulkinder einer Schule in Diani/Kenia zu erfassen. Weiterhin war es das Ziel, mit Hilfe von Ernährungserhebungen der Schulverpflegung die Ernährung und Nährstoffversorgung der Kinder zu erfassen und zu bewerten. Auf Grundlage dieser Daten sollte weiterhin eine Strategie für eine nachhaltige Verbesserung der Schulverpflegung abgeleitet werden.

Methodik: Für die Erfassung des Ernährungszustandes wurden eine anthropometrische sowie klinische Bestandsanalyse an 174 Vorschul- und Schulkindern durchgeführt. Die anthropometrischen Ergebnisse wurden mit den WHO Referenzwerten für eine normale Entwicklung verglichen. Hierfür wurde u. a. die WHO-Software anthro verwendet. Für die Ernährungserhebungen wurden die Zubereitungen der Speisen in der Schulküche protokolliert und Wiegeprotokolle der einzelnen Speisen durchgeführt. Die Nährwerte der Speisen wurden mit Hilfe der Software Ebis pro ermittelt und mit den Empfehlungen der FAO, WHO und DGE für die Energie- und Nährstoffaufnahme verglichen.

Ergebnisse: 143 der 174 Kinder weisen einen normalen Ernährungszustand auf. Bei 30 Kindern wurde Stunting, Wasting und/oder ein reduziertes MUAC, mindestens eines dieser drei Merkmale, beobachtet. Eines dieser Kinder ist besonders unterernährt und ein weiteres Kind ist übergewichtig. Vor allem die Versorgung mit Energie, Fett, Proteine, Vitamin A, Vitamin C, Calcium und Eisen durch die Schulverpflegung ist nicht ausreichend, um den Tagesbedarf der Kinder zu decken.

Diskussion und Fazit: Die Nahrungsenergie sollte über eine erhöhte Fettzufuhr gesteigert werden. Die Versorgung mit Vitamin C kann mithilfe von mehreren Portionen Obst und Gemüse pro Woche erhöht werden und trägt zu einer verbesserten Eisenresorption bei. Die Versorgung mit Eisen sollte insbesondere für Mädchen ab der ersten Menstruation erhöht werden. Die Calcium- und Proteinzufuhr kann am besten über einige Portionen Milch- und Milchprodukte verbessert werden. Die Vitamin A-Versorgung kann durch Vitamin A-reiches Gemüse oder eine wöchentliche Portion Leber optimiert werden. Zudem können mit Nährstoffen angereicherte Lebensmittel zu einer verbesserten Nährstoffversorgung beitragen. Die Schulverpflegung kann mit Hilfe von einfachen Modifikationen verbessert werden.

Abstract

Introduction: 821 million people worldwide are starving and 98 % oft them are living in developing countries. For children up to the age of five, undernutrition and malnutrition is particularly dangerous. Chronic undernutrition can lead to irreversible stunting. Acute undernutrition can lead to wasting. Micronutrient deficiency is also a global problem. In Kenya in 2014, 4.2 % of children under the age of five were affected by wasting and 26.2 % by stunting.

Methods: To assess the nutritional status, an anthropometric and clinical analysis of 174 preschool and school children was done. The anthropometric results were compared with the WHO references for normal development. For this the WHO-software anthro was used. For the nutritional surveys, the preparations of the meals were recorded in the school kitchen and weighing protocols of the individual meals were carried out.

The nutritional values of the dishes were determined by the software Ebis pro and were compared with the recommendations for energy and nutrient intake of FAO, WHO and DGE.

Results: 143 of the 174 children have a normal nutritional status. In 30 children were stunting, wasting and/or a reduced MUAC reported, at least one of this three characteristics. One child is particularly undernourished. Another child has overweight. Mainly, the supply of energy, fat, proteins, vitamin A, vitamin C, calcium and iron through school catering is insufficient to meet the children's daily needs.

Discussion and Conclusion: The energy intake should be increased by advanced amount of fat. The supply of vitamin C can be increased by a intake of several servings of fruits and vegetables per week and contributes to improved iron absorption. The supply of iron should be increased especially for girls with menstruation. The calcium and protein intake is best increased with a few servings of milk and milk products. The supply of vitamin A can be increased by vitamin A-rich vegetables or liver. In addition, nutrient-enriched foods can contribute to better nutrition. School food can be improved with the help of simple modifications.

Inhaltsverzeichnis

1	**Einleitung**	1
2	**Methodik**	3
2.1	Literaturrecherche	3
2.2	Klinische und anthropometrische Erhebungen	4
2.2.1	Studiendesign	4
2.2.2	Erhebungsmethoden	6
2.2.3	Ablauf der Erhebungen	10
2.3	Ernährungserhebungen	13
3	**Ergebnisse**	19
3.1	Theoretischer Hintergrund	19
3.1.1	Fehl- und Mangelernährung bei Kindern	19
3.1.1.1	Formen der Unterernährung	20
3.1.1.2	Mikronährstoffmangel „Hidden Hunger"	24
3.1.1.3	Überernährung	27
3.1.2	Mangelernährung weltweit	29
3.1.3	Das Land Kenia	31
3.1.4	Ernährungssituation und Mangelernährung in Kenia	33
3.1.5	Projekt Lebensblume e. V. und die Diani Montessori Academy in Diani / Ukunda, Kenia	38
3.2	Eigene Erhebungen	39
3.2.1	Ergebnisse der anthropometrischen und klinischen Bestandserhebung	39
3.2.1.1	Charakteristika der Studienpopulation	39
3.2.1.2	Körperlänge bzw. -größe zu Alter	40
3.2.1.3	Gewicht zu Körperlänge/ -größe bzw. BMI	43

       3.2.1.4   Oberarmumfang 51

       3.2.1.5   Klinische Bestandserhebung 52

   3.2.2   Ergebnisse der Ernährungserhebungen 53

4 Diskussion 65

  4.1   Bewertung der anthropometrischen und klinischen
       Ergebnisse 65

  4.2   Bewertung der Ernährungssituation 67

  4.3   Limitationen der Studie 71

  4.4   Mögliche Strategien zur Verbesserung der Ernährung in der
       Schulverpflegung 73

  4.5   Herleitung eines weiteren Forschungsbedarfs 76

5 Fazit 79

Anhang 81

Literaturverzeichnis 115

Abkürzungsverzeichnis

CDC	Centers for Disease Control and Prevention
DGE	Deutsche Gesellschaft für Ernährung e. V.
EAC	East African Community, Ostafrikanischen Gemeinschaft
BMEL	Bundesministerium für Ernährung und Landwirtschaft
BMI	Body-Mass-Index
BMZ	Bundesministerium für wirtschaftliche Zusammenarbeit und Entwicklung
E%	Energieprozent
FAO	Food and Agriculture Organization, Ernährungs- und Landwirtschaftsorganisation der Vereinten Nationen
FBS	Food Balance Sheet
HDI	Human Developement Index
HIV	Humanes Immundefizienz-Virus
ICD	Internationale Klassifikation der Krankheiten
IFPRI	Internationales Forschungsinstitut für Ernährungs- und Entwicklungspolitik
KNBS	Kenya National Bureau of Statitics
MUAC	mid upper arm circumference = mittlerer Oberarmumfang
NMCP	National Malaria Control Programme
OCHA	United Nations Office for the Coordination of Humanitarian Affairs, Amt für die Koordinierung humanitärer Angelegenheiten
OR	Odds Ration, Chancenverhältnis
KG	Körpergewicht
PEM	Protein Energy Malnutrition, Protein-Energie-Malnutrition
RE	Retinoläquivalent
SAM	Severe acute Malnutrition, Schwere akute Mangelernährung

SD   Standard Deviation, Standardabweichung
UNAIDS   The Joint United Nations Programme on HIV/AIDS, Das Gemeinsame
            Programm der Vereinten Nationen für HIV/Aids
UNDP   United Nations Developement Programme, Entwicklungsprogramm
            der Vereinten Nationen
UNICEF   United Nations Children's Fund, Kinderhilfswerk der Vereinten Natio-
            nen
WFP   United Nation World Food Programme, Welternährungsprogramm der
            Vereinten Nationen
WHO   World Health Organization = Weltgesundheitsorganisation

Abbildungsverzeichnis

Abbildung 2.1 Ablauf der Studie – von der Vorbereitungsphase
bis zur Datenauswertung 11

Abbildung 3.1 Mikronährstoffdefizite der Mutter und die Folgen
für das Kind 25

Abbildung 3.2 Modell der Entstehung der unzureichenden
Ernährungssicherheit 30

Abbildung 3.3 Wasting bei Kindern in Kenia unter fünf Jahren
nach Geschlecht (in %) 35

Abbildung 3.4 Übergewicht bei Kindern unter fünf Jahren in
Kenia nach Geschlecht (in %) 35

Abbildung 3.5 Stunting bei Kindern in Kenia unter fünf Jahren
nach Geschlecht (in %) 36

Abbildung 3.6 Coexistenz von Wasting, Stunting und/oder
Übergewicht bei Kinder in Kenia unter fünf Jahre
(in %) 36

Abbildung 3.7 Körperlänge bzw. -größe zu Alter, Jungen von
Geburt bis zum fünften Lebensjahr. Einordnung
der erhobenen Daten zu den WHO Growth
Reference 40

Abbildung 3.8 Körpergröße zu Alter, Mädchen vom zweiten
bis zum fünften Lebensjahr. Einordnung der
erhobenen Daten zu den WHO Growth Reference 41

Abbildung 3.9 Körpergröße zu Alter, Jungen vom fünften bis zum
19. Lebensjahr. Einordnung der erhobenen Daten
zu den WHO Growth Reference 42

Abbildung 3.10   Körpergröße zu Alter, Mädchen vom fünften bis
                  zum 19. Lebensjahr. Einordnung der erhobenen
                  Daten zu den WHO Growth Reference   43
Abbildung 3.11   Körpergewicht zu Körperlänge, Jungen von Geburt
                  bis zum zweiten Lebensjahr. Einordnung der
                  erhobenen Daten zu den WHO Growth Reference   44
Abbildung 3.12   Körpergewicht zu Körpergröße, Jungen vom
                  zweiten bis zum fünften Lebensjahr. Einordnung
                  der erhobenen Daten zu den WHO Growth
                  Reference   45
Abbildung 3.13   Körpergewicht zu Körpergröße, Mädchen vom
                  zweiten bis zum fünften Lebensjahr. Einordnung
                  der erhobenen Daten zu den WHO Growth
                  Reference   46
Abbildung 3.14   BMI zu Alter, Jungen vom fünften bis zum 19.
                  Lebensjahr. Einordnung der erhobenen Daten zu
                  den WHO Growth Reference   47
Abbildung 3.15   BMI zu Alter, Mädchen vom fünften bis zum 19.
                  Lebensjahr. Einordnung der erhobenen Daten zu
                  den WHO Growth Reference   48
Abbildung A.1   Das MUAC-Band   82
Abbildung A.2   Verteilung der erhobenen Werte für
                  Length/Height-for-Age, Kinder bis zum fünften
                  Lebensjahr. Einordnung der erhobenen Werte zu
                  den WHO Growth Reference   90
Abbildung A.3   Verteilung der erhobenen Werte für
                  Length/Height-for-Age, Kinder bis zum
                  fünften Lebensjahr, unterteilt nach Geschlecht.
                  Einordnung der erhobenen Werte zu den WHO
                  Growth Reference   91
Abbildung A.4   Verteilung der erhobenen Werte für
                  Weight-for-length/height der Kinder bis zum
                  fünften Lebensjahr. Einordnung der erhobenen
                  Werte zu den WHO Growth Reference   92
Abbildung A.5   Verteilung der erhobenen Werte für
                  Weight-for-length/height, Kinder bis zum
                  fünften Lebensjahr, unterteilt nach Geschlecht.
                  Einordnung der erhobenen Werte zu den WHO
                  Growth Reference   92

Abbildung A.6   Messlatte und Körperwaage zur Ermittlung von
                  Körpergröße und Körpergewicht   93
Abbildung A.7   Ermittlung des MUAC   94
Abbildung A.8   Junge mit sichtbarem Karies der Schneidezähne I   95
Abbildung A.9   Junge mit sichtbarem Karies der Schneidezähne II   95
Abbildung A.10   Junge mit einer Bauchnabelhernie   96
Abbildung A.11   Provisorische Versorgung der Nabelhernie I   97
Abbildung A.12   Provisorische Versorgung der Nabelhernie II   98
Abbildung A.13   Verpackung des mit Nährstoffen angereicherten
                  Ugali-Mehls   99
Abbildung A.14   Zubereitung von Ugali in der Schulküche   100
Abbildung A.15   Verpackung des Porridge-Mix   101
Abbildung A.16   Ausgabe der Porridge-Speise an die Schulkinder   102
Abbildung A.17   Mittagsmahlzeit II – Mais, Bohnen und Kartoffeln   103
Abbildung A.18   Mittagsmahlzeit III – Reis mit Kidneybohnen   104
Abbildung A.19   Mittagsmahlzeit IV: Reis mit Mungobohnen   105
Abbildung A.20   Mittagsmahlzeit V – Ugali mit Muchacha   106
Abbildung A.21   Junger Moringa Oleifera Baum in der schuleigenen
                  Farm   107

Tabellenverzeichnis

Tabelle 2.1   Kriterien zur Beurteilung des Körpergewichts und des
              Wachstums 8
Tabelle 2.2   Klinische Symptome und mögliche Ursachen und
              Ernährungsdefizite 9
Tabelle 2.3   Stundenplan für die anthropometrische und klinische
              Bestandserhebung 12
Tabelle 2.4   Referenzwerte für die tägliche Nährstoffzufuhr 16
Tabelle 3.1   Auswahl Indikatoren des HDI für Kenia 32
Tabelle 3.2   Allgemeine Versorgung mit Kalorien, Proteinen,
              Fetten und Kohlenhydrate in Kenia von 2014–2018 34
Tabelle 3.3   Daten zu Unter-, Übergewicht und Adipositas in Kenia ... 37
Tabelle 3.4   Anzahl der Kinder pro Klasse / Kindergarten sowie
              die Geschlechterverteilung 39
Tabelle 3.5   Vierfeldertafel für Wasting und schweres Wasting für
              alle Altersklassen 49
Tabelle 3.6   Vierfeldertafel für Stunting und schweres Stunting für
              alle Altersklassen 49
Tabelle 3.7   Vierfeldertafel für Wasting und schweres Wasting für
              Kinder bis zum fünften Lebensjahr 50
Tabelle 3.8   Vierfeldertafel für Stunting und schweres Stunting bis
              Kinder zum fünften Lebensjahr 51
Tabelle 3.9   Durchschnittliche Portionsgrößen 54
Tabelle 3.10 Durchschnittliche Deckung der empfohlenen
              Referenzwerte durch den Porridge und die
              Mittagsspeise 56

Tabelle 3.11   Nährstoffzusammensetzung der Speisen der
               Kindergartenkinder sowie der Vergleich mit den
               Referenzwerten   57
Tabelle 3.12   Nährstoffzusammensetzung der Speisen der Kinder
               der Klassen 1–4 sowie der Vergleich mit den
               Referenzwerten   58
Tabelle 3.13   Nährstoffzusammensetzung der Speisen der Kinder
               der Klassen 5–8 sowie der Vergleich mit den
               Referenzwerten   59
Tabelle 3.14   Durchschnittlicher Nährstoffgehalt der Mahlzeiten
               pro 100 g bzw. pro Hühnerei (55 g)   63
Tabelle 3.15   Nährstoffgehalt der Grundnahrungsmittel der
               Schulküche   64
Tabelle A.1   Liste für die anthropometrische und klinische
               Bestandsanalyse   84
Tabelle A.2a   Ergebnisse der anthropometrischen Bestandsanalyse   86
Tabelle A.2b   Ergebnisse der anthropometrischen Bestandsanalyse   87
Tabelle A.2c   Ergebnisse der anthropometrischen Bestandsanalyse   88
Tabelle A.2d   Ergebnisse der anthropometrischen Bestandsanalyse   89
Tabelle A.3   Zusammensetzung und Nährstoffanalyse des
               Porridges   109
Tabelle A.4   Zusammensetzung und Nährstoffanalyse der
               Reis-Kartoffel-Speise vom 04.03.2019. Die Tabelle
               stellt ein Zehntel des Rezeptes dar   110
Tabelle A.5   Zusammensetzung und Nährstoffanalyse der
               Ugali-Bohnen-Speise vom 05.03.2019. Die Tabelle
               stellt ein Zehntel des Rezeptes dar   111
Tabelle A.6   Zusammensetzung und Nährstoffanalyse der
               Mais-Bohnen-Kartoffel-Speise vom 06.03.2019. Die
               Tabelle stellt ein Zehntel des Rezeptes dar   112
Tabelle A.7   Zusammensetzung und Nährstoffanalyse der
               Reis-Mungobohnen-Speise vom 07.03.2019. Die
               Tabelle stellt ein Zehntel des Rezeptes dar   113

Einleitung

Am ersten April 2016 wurde von den Vereinten Nationen die „Dekade der Ernährung" (2016–2025) beschlossen, um die Staatengemeinschaft zu weiteren Bemühungen gegen die Unter-, Mangel- und Überernährung sowie den Hunger zu verpflichten (BMEL, 2016). Hiermit wird nicht nur der wachsenden Zahl übergewichtiger Menschen Rechnung getragen, sondern auch den weltweit 821 Millionen hungernden Menschen (Aktion Deutschland Hilft e. V., 2019) sowie den drei Millionen Kindern, die jedes Jahr an einer Mangelernährung versterben (UNICEF, 2019a). Etwa jedes zweite Kind, das vor dem fünften Lebensjahr verstirbt, stirbt aufgrund einer Unterernährung (UNICEF, 2019b). Die von Untergewicht betroffenen Menschen kommen zu 98 % aus Entwicklungsländern (Aktion Deutschland Hilft e. V., 2019).

Unter- und Mangelernährung kann bei Kindern zu Stunting und Wasting führen. Stunting bedeutet ein reduziertes Längenwachstum und entsteht durch eine chronische Unterernährung während der besonders kritischen Wachstums- und Entwicklungsphase der ersten Lebensjahre. Wasting steht für eine Auszehrung und spiegelt eine akute Unterernährung wider. Eine guter Ernährungsstatus ist für Kinder bis zum fünften Lebensjahr besonders wichtig, da die durch Stunting bedingten körperlichen und kognitiven Entwicklungseinschränkungen irreversibel sind. Das Zeitfenster der ersten 1000 Tage eines Kindes, ab der Empfängnis der Mutter, ist besonders wichtig für das Kind und stellt bereits die Weichen für eine mögliche Mangelernährung (UNICEF, 2019a). Etwa 159 Millionen Kinder unter fünf Jahren leiden unter Stunting, 50 Millionen unter Wasting und 16 Millionen unter schwerem Wasting (UNICEF, 2019b). Zu den weltweiten Problemen der Mangelernährung zählt auch der Mangel an Mikronährstoffen, der sogenannte

„verborgene Hunger" oder auch „Hidden Hunger". Dieser kann die Gesundheit ebenfalls stark beeinträchtigen, auch bei ausreichender Energieversorgung (Biesalski, 2018).

Die Wissenschaft der Oecotrophologie zeichnet sich durch ihre hohe Interdisziplinarität und Vielfältigkeit aus. Sie befasst sich über Ernährungs- und Lebensmittelwissenschaften hinaus auch mit medizinischen, naturwissenschaftlichen, soziologischen und ökonomischen Inhalten. Vor diesem Hintergrund betrachtet, ist das Berufsbild des Oecotrophologen/der Oecotrophologin besonders gut für den Bereich der Daseinsfürsorge in Entwicklungsländern geeignet (Gardemann, 2016).

In dieser Arbeit geht es um einen Aspekt dieser Daseinsfürsorge, nämlich der Sicherstellung eines ausreichenden Ernährungszustandes. Die Forschende hat im Rahmen dieser Arbeit an einer Schule in Diani/Kenia eine anthropometrische und klinische Bestandsanalyse an 174 Vorschul- und Schulkindern vorgenommen und an vier Schultagen Ernährungserhebungen in der Schulküche durchgeführt. Das Ziel war es, den Ernährungszustand der Kinder sowie ihre Versorgung mit Nahrung durch die Schulverpflegung zu erfassen. Bei den Ernährungserhebungen wird neben der Deckung des Energiebedarfs auch die Nahrungsqualität berücksichtigt, um mögliche (Mikro-) Nährstoffmängel zu erkennen. Besondere Beachtung erfahren Vitamin A, Eisen, Jod und Zink, da sie als besonders kritische Mikronährstoffe für Kinder betrachtet werden (Biesalski, 2018). Weiterhin war es das Ziel, auf Basis dieser Ergebnisse Strategien für eine nachhaltige Verbesserung der Schulverpflegung zu entwickeln.

Methodik 2

2.1 Literaturrecherche

Die Literaturrecherche wurde hauptsächlich im Zeitraum 06.05.–06.06.2019 betrieben. Zuerst wurde die Methode der Handsuche in der Freihandbibliothek der Fachhochschule Münster verwendet. Die Werke „Ernährungsmedizin" (Bieslaski et al., 2018) und „Ernährung des Menschen" (Elmadfa and Leitzmann, 2019) stellten hilfreiche Grundlagenliteratur dar. In der digitalen Bibliothek der Fachhochschule wurde die Literatursuche weitergeführt. In der Suchmaschine FINDEX der Fachhochschule wurden die Suchbegriffe Mangelernährung (17 Treffer im Katalog), Malnutrition (12 Treffer im Katalog), Hidden Hunger (2 Treffer im Katalog), Wasting (2 Treffer im Katalog), Stunting, Marasmus und Kwashiorkor (jeweils 0 Treffer im Katalog), Unterernährung/undernutrition (10 Treffer im Katalog) und nutrition in developing countries (2 Treffer im Katalog).

In wissenschaftlichen Datenbanken mit medizinischen und ernährungsrelevanten Schwerpunkten, wie beispielsweise Pubmed, The Chochrane Collaboration und Livivo, wurde mit Hilfe von Schlagwörtern (s. o.) nach relevanten Quellen recherchiert. Auch die elektronischen Zeitschriftendatenbank der Fachhochschule aus den Fachgebieten Medizin und Ernährung genutzt. Die Internetrecherche stellte eine weitere wichtige Methode dar, um vor allem aktuelle Inhalte zu finden. Die Internetauftritte von internationalen Organisationen wie die Ernährungs- und Landwirtschaftsorganisation der Vereinten Nationen (FAO), das Kinderhilfswerk der Vereinten Nationen (UNICEF) sowie der Weltgesundheitsorganisation (WHO) lieferten aktuelle internationale Daten und Inhalte zu weltweiten Ernährungs- und Gesundheitsthemen (FAO, 2019; WHO, 2019a; UNICEF, 2019a). Mit Hilfe von

© Der/die Herausgeber bzw. der/die Autor(en), exklusiv lizenziert durch Springer Fachmedien Wiesbaden GmbH, ein Teil von Springer Nature 2020
C. Niers, *Ernährungszustand und Schulverpflegung in Kenia*, Forschungsreihe der FH Münster, https://doi.org/10.1007/978-3-658-31685-3_2

Literaturverzeichnissen einschlägiger Literatur wurde im Sinne des Schneeballef-fekts die Literaturbasis um relevante Inhalte erweitert (Theisen, 2017; Döring and Bortz, 2016).

Bei der Formatierung dieser Arbeit wurden die Autorenrichtlinien der renom-mierten Fachzeitschrift „Ernährungsumschau" als Vorgabe herangezogen. Die formalen Vorgaben beinhalten hier die Schriftart Arial, den Schriftgrad 12 sowie einen Zeilenabstand von 1,5. Diese Autorenrichtlinien wurden gewählt, da sie sehr übersichtlich sind und eine einfache Lesbarkeit ermöglichen (Ernährungs-umschau, 2019). Zum anderen stellt diese Arbeit eine Thematik dar, die mögli-cherweise für eine Veröffentlichung in dieser Fachzeitschrift in Betracht gezogen werden könnte.

Für Literaturangaben und Zitierweise wurde die Harvard-Notation verwen-det, da sie insbesondere für die Naturwissenschaften empfohlen wird und dem Leser dabei verhilft, im Lesefluss zu bleiben (Standop and Meyer, 2008). Der Harvard-Zitierstil entspricht nicht den Richtlinien der „Ernährungsumschau", wird für diese Arbeit jedoch als übersichtlicher bewertet. Für die Seitenränder wurde oben, unten und rechts jeweils ein Abstand von 2,5 cm und links von 3,5 cm verwendet.

Zudem wurde das Literaturverwaltungsprogramm Mendeley verwendet, um die Literatur zu verwalten und die Zitierfunktion im Text zu verwenden. Als Zitierstil wurde hier „Anglia Ruskin University – Harvard" ausgewählt (Mendeley, 2019).

2.2   Klinische und anthropometrische Erhebungen

2.2.1 Studiendesign

Die klinischen und anthropometrischen Erhebungen wurden im Rahmen eines Volontariat-Aufenthaltes (02.03.–05.04.2019) der Forschenden in Kenia, Diani an der Diani Montessori Academy durchgeführt. Die Erhebungen wurden vom 11.03 bis zum 15.03.2019 an fünf Schultagen durchgeführt. Das Ziel dieser Bestandserhebung war es, den Ernährungsstatus der Vorschul- und Schulkin-der zu diesem Zeitpunkt zu erfassen. Die Ergebnisse dieser Bestandserhebung sowie die Ergebnisse der Ernährungserhebungen (vgl. Abschnitt 2.3) sollen dazu verwendet werden, mögliche nachhaltige Strategien zur Verbesserung der Ernährungsversorgung in der Schulversorgung herzuleiten.

Um den Ernährungsstatus der Kinder der Diani Montessori Academy zu erfassen, wurde eine Querschnittserhebung durchgeführt. Die Querschnittsstudie, auch Prävalenzstudie genannt, ist hier sinnvoll, da sie eine Zielpopulation zu einem festgelegten Zeitpunkt untersucht. Da die Erhebungen dieser Arbeit in einem kurzen Zeitraum von fünf Tagen stattfanden, kann von einer Erhebung zu einem Zeitpunkt ausgegangen werden (Kreienbrock, Pigeot and Ahrens, 2012). Auf Grund der einfachen Durchführbarkeit sowie der geringen Kosten war die Querschnittserhebung für diese Arbeit sinnvoll und leicht umsetzbar (Bonita, Beaglehole and Kjellström, 2013).

Bei Querschnittsstudien wird keine Kausalität erfasst, sondern ein Ist-Zustand zum vorgegebenen Zeitpunkt (Bonita, Beaglehole and Kjellström, 2013). Die Ergebnisse der anthropometrischen und klinischen Erhebungen, in Kombination mit den Ergebnissen der Ernährungserhebung, lassen möglicherweise Hinweise auf eine Kausalität zu.

Mithilfe von Daten aus Querschnittsstudien kann ein medizinischer Behandlungsbedarf einer Gruppen hergeleitet werden (Bonita, Beaglehole and Kjellström, 2013). Von den Ergebnissen der Bestandserhebung sollen dann schließlich Handlungsoptionen zur Verbesserung der Schulernährung abgeleitet werden.

Ein möglicher Ethikantrag wäre bei der kenianischen Ärztekammer zu stellen gewesen. Eine Bewilligung so eines Antrages wäre aufgrund der bürokratischen Hürden unwahrscheinlich und zudem würden dabei unverhältnismäßig hohe Kosten entstehen. Aus diesen Gründen, und da die Erhebungen keinerlei invasive Maßnahmen darstellen, wurde in Absprache mit Betreuer Prof. Dr. med. Joachim Gardemann auf einen Ethikantrag verzichtet. Die Daten der Schulkinder wurden anonymisiert, so dass ein Rückschluss auf die Kinder nicht mehr möglich ist.

Die Erhebungen wurden in Kenia, Diani an einer privaten, offiziell registrierten Schule durchgeführt, die von circa 190 Kindern besucht wird. Die Kinder besuchen die Schulklassen 1–8 sowie drei Kindergartengruppen. Es wurden keine Ausschlusskriterien festgelegt. Insgesamt umfasst die Stichprobe 174 Kinder. 16 Kinder waren zum Zeitpunkt der Erhebung nicht in der Schule anwesend und konnten nicht berücksichtigt werden.

Zur Beurteilung des Ernährungszustandes in Entwicklungsländern hat sich die Anthropometrie zusammen mit internationalen Referenzwerten als die beste Methode dargestellt (Schroeder, 2008). Die Referenzkurven werden sowohl in Perzentilen als auch in Z-Score angegeben. International werden für die Darstellung der Klassifizierung des Ernährungsstatus überwiegend Z-Scores genutzt, die auch als Standardabweichungen (SD) bezeichnet werden (Krawinkel, 2008). In klinischen Settings werden vorwiegend Perzentilen verwendet. Die Verwendung der SD ermöglicht eine feinere Beurteilung des Ernährungszustandes von

Kindern (Wang and Chen, 2012). Obwohl SD in Deutschland eher seltener Verwendung finden, wurden sie aus den oben genannten Gründen in dieser Arbeit für die Beurteilung des Ernährungszustandes genutzt.

Zusammen mit der anthropometrischen Bestandserhebung wurden auch klinische Auffälligkeiten erhoben, um den Ernährungszustand zu erheben.

2.2.2 Erhebungsmethoden

Zur Bestimmung des Ernährungszustandes der Schulkinder wurden als Basisparameter der Anthropometrie das Körpergewicht und die Körperhöhe ermittelt. Diese beiden Messmethoden sind einfach durchführbar und die meist angewandten anthropometrischen Messmethoden (Elmadfa and Leitzmann, 2019). Eine Unterernährung verursacht Untergewicht und kann bei Kindern eine Wachstumsverzögerung verursachen. Für diese Fälle sind die beiden genannten anthropometrischen Parameter besonders gut geeignet (Krawinkel, 2018).

Das Körpergewicht wurde mit Hilfe einer digitalen Stand-Körperwaage erfasst, die das Gewicht mit einer Genauigkeit von 0,1 kg anzeigt (Modell: Grundig PS 4110 Premium-Digitale Körperwaage). Die Kinder zogen hierfür die Schuhe aus. Die Kleidung wurde nicht abgelegt, da aufgrund der gegebenen Räumlichkeiten nicht ausreichend Privatsphäre zu schaffen war. Die Schuluniform eines Schülers der zweiten Klasse wurde mit der Personenwaage gewogen. Das Gewicht war so gering, dass die Waage 0 g anzeigte. Somit konnte das Gewicht nicht vom Körpergewicht abgezogen werden und wurde insgesamt vernachlässigt. Bei der Gewichtsermittlung wurde zudem darauf geachtet, ob das Kind Ödeme aufweist, die das Gewicht beeinflussen würden (Krawinkel, 2018).

Für die Ermittlung der Körperhöhe wurde eine klappbare Messlatte aus Holz mit bezifferter Skala von 80–151 cm an der Wand befestigt. Für größere Kinder ab 151 cm wurde ein Maßband an die Wand befestigt. Die Kinder wurden im Stehen vor der Messlatte auf festem Untergrund in möglichst gerade Stellung mit gestreckten Beinen und parallel ausgerichteten Füßen gemessen. Es wurde darauf geachtet, dass die Fersen, das Gesäß sowie die Schultern möglichst die Messlatte bzw. die Wand berührten. Die Kinder sollten dabei den Blick geradeaus richten, die Arme locker neben dem Rumpf hängen lassen und den Kopf gerade halten (Brandt, Moß and Wabitsch, 2012).

Um den Ernährungsstatus ermitteln zu können, müssen erhobene Messwerte in Bezug zu Alter und Geschlecht betrachtet und mit Referenzwerten verglichen werden (CDC and WFP, 2005). Als Referenzen wurden in dieser Arbeit die WHO

Child Growth Standards verwendet, da sie aus einer multizentrischen Langzeitstudie stammen und in der einschlägigen Literatur empfohlen werden. In dieser Studie wurden Kinder untersucht, die aus den verschiedenen Ländern Brasilien, Ghana, Indien, Norwegen, Oman und USA stammen. Die Kinder lebten unter Bedingungen, in denen sie sich gesundheitlich gut entwickeln konnten. Die Mütter haben nicht geraucht und die Kinder wurden gestillt. Es zeigte sich, dass sich die Kinder aus verschiedenen Ländern mit unterschiedlichen Umweltbedingungen sehr ähnlich entwickeln und wachsen (WHO, 2006; Krawinkel, 2018; Wolter, 2009). Betrachtet werden Referenzwerte, die die Körpergröße bzw. -länge im Verhältnis zum Alter setzen und als Wachstumsindikator genutzt werden, um Kinder zu identifizieren, die von Stunting betroffen sind. Die Körperlänge wird im Liegen ermittelt und bei einem Stehenden Kind wird die Körpergröße gemessen. Zudem werden Referenzwerte betrachtet, die das Körpergewicht im Verhältnis zur Körpergröße bzw. -länge setzten. Diese werden verwendet, um Untergewicht, Wasting oder auch Übergewicht zu identifizieren (WHO, 2008).

Die verwendeten Kriterien für die Bewertung des Wachstums und des Körpergewichts, jeweils im Verhältnis zum Alter, sind in Tabelle 2.1 zusammengefasst. Es gibt zudem auch Referenzwerte, bei denen das Körpergewicht zum Alter in Bezug gesetzt wird. Es wird jedoch empfohlen, das Gewicht in Bezug zur Körperlänge bzw. -größe in Bezug zu setzen. Wasting entwickelt sich in den meisten Fällen nach einer Erkrankung oder unzureichenden Nahrungszufuhr. Stunting entsteht meistens durch eine längere unzureichende Nährstoffzufuhr und/oder durch mehrfache Infektionserkrankungen. Ein zu kleines Kind kann unauffällig beim Vergleich des Gewichtes zur Körpergröße sein, wäre dann jedoch untergewichtig im Vergleich zu dem Referenzwerten „Weight-for-Age". Bei der Bewertung des Entwicklungszustands eines Kindes sollten alle Referenzwerte beachtet werden (WHO, 2008).

Eine weitere anthropometrische Messmethode war die Ermittlung des Oberarmumfangs (MUAC, mid upper arm circumference). Mithilfe des MUAC kann der akute Ernährungszustand ermittelt werden. Bei Kindern im Alter von 6 bis 59 Monaten verändert sich der MUAC kaum, da das Fettgewebe im Oberarm des Kleinkindes hauptsächlich in Muskelgewebe umgebaut wird. Die Ermittlung des MUAC ist einfach durchzuführen, nimmt wenig Zeit in Anspruch und ist besonders geeignet für Untersuchungen mit einer großen Anzahl von Kindern (Wolter, 2009). Aus diesem Grunde wurde die Ermittlung des MUAC auch für diese Querschnittsuntersuchung eingesetzt. Der MUAC ist ein unabhängiges Kriterium für eine Mangelernährung und auch eine gute Möglichkeit, die Mortalität zu bestimmen (The Sphere Project, 2011). Je nach Literatur wird die Bestimmung des MUAC jedoch primär als Screening-Instrument empfohlen, um eine

Tabelle 2.1 Kriterien zur Beurteilung des Körpergewichts und des Wachstums. (Eigene Darstellung nach WHO, 2008). Körperlänge wird im Liegen und Körpergröße im Stehen gemessen

	Kleiner als −3 SD vom Median	Kleiner als −2 SD vom Median	Größer als +2 SD vom Median	Größer als +3 SD vom Median
Körperlänge bzw. -größe zu Alter	Schweres Stunting	Stunting	Keine Einschränkung	selten krankheitsbedingt
Gewicht zu Körperlänge bzw. -größe (bis 5 Jahre)	Schweres Wasting	Wasting	Übergewicht	Adipositas
BMI zu Alter (ab 5 Jahre)	Schweres Wasting	Wasting	Übergewicht	Adipositas

rasche Ersteinschätzung für eine schwere akute Mangelernährung vorzunehmen (CDC and WFP, 2005).

Für die MUAC-Bestimmung hat die Forschende sich an das MUAC-Band von Ärzte ohne Grenzen Österreich mit den drei Farbkategorien rot (schwere Mangelernährung, MUAC <116 mm), orange (mäßige Mangelernährung, MUAC 116–124 mm), gelb (Gefahr einer Mangelernährung, MUAC 126–134 mm) und grün (normal, MUAC >136 mm) orientiert (Ärzte ohne Grenzen, 2019; siehe Anhang I). Für die Messung wurde ein flexibles Rollmaßband aus Kunststoff mit einer Genauigkeit von 0,1 cm verwendet. Das Maßband wurde zwischen Schulter und Ellenbogen um den Mittelpunkt des linken Oberarms gewickelt. Um den Mittelpunkt zu finden, wurde der Arm kurz angewinkelt und jeweils die Spitze der Schulter und des Ellenbogens von der Forschenden ertastet. Auf diese Weise wurde die Oberarmmitte ermittelt. Hierbei musste auf eine angemessene Spannung des Maßbandes geachtet werden. Das Kind sollte dann seinen Arm möglichst entspannt hängen lassen, sodass der Wert folglich abgelesen werden konnte (UNICEF, 2019c).

Neben den anthropometrischen Werten wurden auch klinische Befunde erhoben, um Rückschlüsse auf den Ernährungszustand der Kinder zu ziehen. Tabelle 2.2 gibt eine Übersicht über klinische Symptome sowie damit verbundene mögliche ursächliche Ernährungsdefizite, auf die bei der Bestandserhebung geachtet wurden:

Tabelle 2.2 Klinische Symptome und mögliche Ursachen und Ernährungsdefizite. (Eigene Darstellung, Quellen siehe Tabelle)

Klinische Symptome	Mögliche Ursachen/Ernährungsdefizite
Helle Hautfarbe der Handinnenflächen und Fußsohlen, helles Zahnfleisch und Mundschleimhaut	Eine Anämie kann bei einem Mangel von Folsäure, Vitamin B_2, Vitamin B_{12}, Vitamin E oder Eisen entstehen (Alexy and Kalhoff, 2012; Pirlich and Norman, 2018)
Allgemeine Hautbesonderheiten (z. B. Ausschlag, Blutungen)	Schlechte Wundheilung und periorale Dermatitis können auf einen Zinkmangel hinweisen (Alexy and Kalhoff, 2012; Berger, 2012); Hautveränderungen können durch einen Vitamin A-, Vitamin B_6-, Biotin-Mangel hervorgerufen werden; Niacin-Mangel kann zu Pellagra mit Dermatitis/rauer Haut führen, (Alexy and Kalhoff, 2012)
Ödeme in den Füßen	Hinweis auf Kwashiorkor: Ödeme sind das Leitsymptom, insbesondere an den unteren Extremitäten/Füßen zu erkennen. Die Ödeme können ein Untergewicht sogar maskieren (Wolter, 2009); Ödeme sind ein Hinweis auf Proteinmangel (Berger, 2012)
Anzeichen für Aszites, vorgewölbtes Abdomen	(wie bei „Ödeme in den Füßen")
Entfärbtes Kopfhaar	Hinweis auf Kwashiorkor (Wolter, 2009)
Auffälligkeiten der Zunge	Eine Glossitis kann verursacht werden durch einen Mangel an Folsäure, Vitamin B_2, B_6, B_{12}, Niacin, Eisen (Alexy and Kalhoff, 2012; Pirlich and Norman, 2018)
Zahnfleischbluten, -entzündung oder andere Auffälligkeiten des Zahnfleisches	Skorbut durch Vitamin C-Mangel kann Zahnfleischbluten auslösen (Alexy and Kalhoff, 2012)
Mundwinkelrhagaden	Vitamin B_2-Mangel (Alexy and Kalhoff, 2012); Eisenmangel (Böhles, 2012)

Es sollte stets das Gesamtbild eines Kindes betrachtet werden. Ein vorgewölbtes Abdomen kann neben einer Aszites auch auf Meteorismus durch bakterielle Fehlbesiedlung des Darms oder auch auf einen Wurmbefall mit Askariden hinweisen (Krawinkel, 2018).

Um Ödeme an den Füßen zu identifizieren, wurde circa drei Sekunden lang mit einem Finger Druck auf dem Fußrücken ausgeübt. Bleibt nach dem Entfernen des Fingers eine Grube auf dem Fußrücken bestehen, liegen Ödeme in den unteren Extremitäten vor (WHO, 2013).

Für die Betrachtung der Mundschleimhaut, des Zahnfleisches und der Zunge haben die Kinder unter Anleitung der Forschenden ihren Mund weit geöffnet und die Zunge herausgestreckt. Da die Kinder kurzärmlige T-Shirts und Hosen oder Röcke trugen, die bis zum Knie reichten, konnte die Haut zum Teil begutachtet werden, ohne die Kleidung abzulegen. Um das Abdomen auf Aszites zu untersuchen, wurden die Kinder dazu angeleitet, das T-Shirt hochzuheben.

Alle erhobenen Daten wurden handschriftlich in eine zuvor angefertigte Tabelle eingetragen (siehe Anhang II).

Für die Datenauswertung wurden die erhobenen anthropometrischen Daten der Kinder bis zum fünften Lebensjahr zudem mit der WHO Anthro Software v 3.2.2 ausgewertet, um sie den WHO Referenzwerten gegenüber zu stellen.

Weiterhin wurde die Odds Ration (OR) mit Hilfe von Vierfeldertafeln für Wasting und Stunting berechnet. Die OR steht für das Chancenverhältnis (Döring and Bortz, 2016) und wird in dieser Arbeit verwendet, um herauszufinden, ob es eine geschlechtsspezifische Verteilung von Stunting und Wasting bei den Kindern der Diani Montessory Academy gibt.

2.2.3 Ablauf der Erhebungen

Abbildung 2.1 stellt den Ablauf der Erhebungen übersichtlich dar. Nachdem die Forschende mit der Schulmanagerin Christina Missong ihren Aufenthalt an der Diani Montessory Academy beschloss, entwickelte sie die Forschungsfrage. Daraufhin folgte eine umfassende Literaturrecherche. Basierend darauf wurden die konkreten Erhebungen für die anthropometrische und klinische Bestandsaufnahme sowie für die Ernährungserhebungen geplant. Es wurden Tabellen erstellt, um die zu erhebenden Daten zu protokollieren. Hierbei wurde darauf geachtet, dass das vorbereitete Material möglichst einfach zu nutzen ist, um mögliche Hürden im Vorfeld bereits zu umgehen. Aus diesem Grunde wurden alle Tabellen nicht nur in digitaler, sondern auch in Papierform vorbereitet, um auf eine möglicherweise eingeschränkte Stromversorgung vor Ort vorbereitet zu sein. Für die Erstellung der Listen hat die Forschende im Vorfeld die Namens- und Klassenlisten von Missong eingeholt.

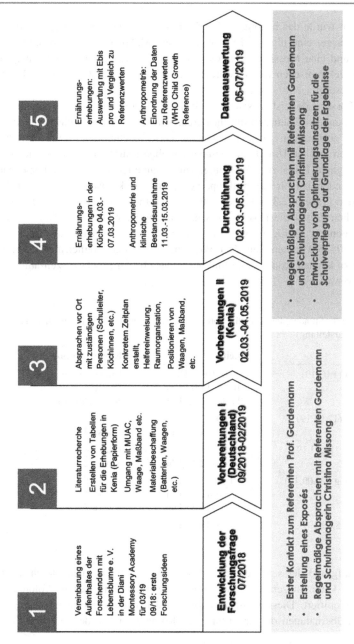

Abbildung 2.1 Ablauf der Studie – von der Vorbereitungsphase bis zur Datenauswertung

Zudem wurde das benötigte Material beschaffen. Hierzu zählen eine digitale Küchenwaage, eine digitale Körperwaage, ein Maßband für die Ermittlung des MUAC und eine Messlatte bzw. ein Maßband zur Ermittlung der Körpergröße. Für die elektronischen Geräte wurden die notwendigen Batterien in mehrfacher Menge besorgt.

Die Forschende reiste zusammen mit einer weiteren Forschenden an und führte die Erhebungen gemeinsam mit ihr durch. Vor Ort in Diani machten sie Absprachen mit zuständigen Ansprechpersonen. Das Forschungsziel wurde mit ihnen besprochen und die Umsetzung gemeinsam abgestimmt. Der Hausmeister stellte eine geeignete Hütte zur Verfügung. Die Schulleiter stellten den Forschenden einen Stundenplan für die Anthropometrie und die klinische Bestandserhebung zusammen (Tabelle 2.3). Diesem Plan ist zu entnehmen, an welchen Tagen und zu welchen Zeiten die jeweiligen Kindergartengruppe oder Schulklasse für die Erhebungen zur Verfügung gestellt wurden. Pro Gruppe hatten die Forschenden jeweils 30–35 Minuten Zeit. Der Wunsch, die Kinder möglichst nüchtern vermessen zu können, konnte aufgrund der vorgegebenen Erhebungszeiträume nicht erfüllt werden.

Tabelle 2.3 Stundenplan für die anthropometrische und klinische Bestandserhebung. (Eigene Darstellung)

Tag	Zeit	Klasse/Gruppe
Montag (11.03.19)	9:50–10:25 Uhr 10:25–11:00 Uhr 11:30–12:00 Uhr	Kindergartengruppe I Klasse 4 Kindergarten II
Dienstag (12.03.19)	11:30–12:00 Uhr 13:30–14:00 Uhr	Kindergartengruppe II Klasse 3
Mittwoch (13.03.19)	10:25–11:00 Uhr 11:40–12:10 Uhr	Klasse 8 Klasse 2
Donnerstag (14.09.19)	10:25–11:00 Uhr 11:10–12:10 Uhr 14:00–14:35 Uhr	Klasse 6 Klasse 1 Klasse 7
Freitag (15.09.19)	10:25–11:00 Uhr	Klasse 5

Da aufgrund der sehr begrenzten Zeit die Umsetzung allein durch die Forschenden kaum umsetzbar gewesen wäre, wurden fünf weitere Volontäre als Helfer akquiriert. Diese wurden zuvor von den beiden Forschenden eingewiesen und übernahmen die Ermittlung des Körpergewichts, der Körpergröße und die Dokumentation der erhobenen Werte. Die beiden Forschenden machten die MUAC-Messung sowie die klinische Bestandsaufnahme.

Für die Ernährungserhebungen hospitierten die Forschenden in der Schulküche. Die Ernährungserhebungen wurden mit den beiden Köchinnen besprochen. Die Kommunikation fand größtenteils in englischer Sprache statt und war nicht immer problemlos. Gemeinsam mit ihnen haben die Forschenden den genauen Ablauf abgesprochen. Die Daten wurden im Anschluss des Keniaaufenthaltes ausgewertet.

2.3 Ernährungserhebungen

Um Aufschluss über die Nährstoffversorgung der Kinder über die Schulessen zu gewinnen, wurde der Lebensmittelverzehr über die Schulverpflegung erfasst. Es wurde die Wiegemethode angewendet, eine direkte prospektive Methode, in der der aktuelle Nahrungsverzehr protokolliert wurde. Dies wurde in einem Zeitraum von vier Schultagen durchgeführt (04.03.–07.03.2019). Diese Methode wurde verwendet, da sie relativ einfach ist und dafür geeignet ist, die Nährstoffzufuhr von einzelnen Personengruppen zu ermitteln (Elmadfa and Leitzmann, 2019). Erfasst wurden die beiden Mahlzeiten, die alle Kinder in der Schule täglich erhielten. Hierzu zählten der morgendliche Porridge sowie eine Mittagsmahlzeit. Mahlzeiten, die außerhalb der Schule aufgenommen wurden oder Nahrungsmittel, die von den Kindern zur Schule mitgebracht wurden, wurden nicht erfasst.

Für die Ernährungserhebungen hat die Forschende mit ihrer Forschungspartnerin bei der Vor- und Zubereitung sowie der Speisen sowie auch bei der Speisenausgabe teilgenommen. Die einzelnen Zubereitungsschritte wurden erfasst und die Zutatenmengen wurden notiert. Wenn möglich, wurde die Menge der einzelnen Zutaten mit der digitalen Küchenwaage erfasst oder von Verpackungen abgelesen. Teilweise wurde ein Messbecher verwendet, an dem die Mengen abgelesen werden konnten. Da einige Mengen zu groß für die kleine Küchenwaage waren, mussten sie teilweise geschätzt werden.

Vor der Speisenausgabe haben die Forschenden die leeren Teller gewogen, um später das Nettogewicht der Mahlzeiten ermitteln zu können. Während der Speisenausgabe wurden die Teller von den Köchinnen mit Speisen befüllt. Bevor sie die Teller an die Kinder ausgaben, wurde das Gewicht des befüllten Tellers von den Forschenden mit der Küchenwaage ermittelt und protokolliert.

Die Essensausgabe erfolgte klassenweise, beginnend mit den Kindergartengruppen. Teilweise haben sich die Gruppen und Klassen vermischt, sodass sie für die Auswertungen in drei Gruppen zusammengefasst wurden:

- Kindergartenkinder,
- Klassen 1–4 und
- Klassen 5–8.

Die Nährwertanalysen der erhobenen Speisenprotokolle wurden mit der Ernährungssoftware Ebis pro durchgeführt. Die Software NutVal wurde hier als weniger geeignet bewertet, da sie nicht alle verwendeten Lebensmittel enthält. Bei Ebis pro war die Möglichkeit gegeben, Lebensmittel mit ihren Nährwerten eigenständig hinzuzufügen. Waren bei Lebensmitteln durch ihre Verpackung zusätzliche Informationen zu den Nährwerten vorhanden, wurden diese anstelle der Nährwerte von Ebis pro genutzt. Für das Speisesalz sowie das Ugali-Mehl traf dies zu. Die Blätter des Moringa Oleifera Baumes waren nicht in der Datenbank von Ebis pro enthalten und wurden händisch eingetragen. Hierfür wurden die Nährwerte aus Bechthold (2016) genutzt. Grundlage der Nährstoffauswertung sind jeweils die rohen unverarbeiteten Lebensmittel. Für die Portionsgrößen wurde das arithmetische Mittel von jeweils etwa 20–40 protokollierten Portionsgrößen pro Speise und Gruppe ermittelt. Speisereste wurde vernachlässigt, da sie minimal waren. Pro Tag entstand insgesamt etwa ein gefüllter Teller mit Lebensmittelresten.

Die tatsächliche Energie- und Nährstoffaufnahme durch das Schulessen wird mit internationalen Referenzwerten für die Energie- und Nährstoffzufuhr verglichen. Zu beachten ist hier, dass bei den Ernährungserhebungen lediglich das Mittagessen und der Porridge erfasst wurden und mit den Zufuhrempfehlungen für einen ganzen Tag verglichen werden. Die außerschulischen Mahlzeiten der Kinder konnten nicht erfasst werden. Diese Limitierung sollte bei der Betrachtung der Berechnung stets berücksichtigt werden.

Da die Ernährungserhebungen in die drei Gruppen Kindergarten, Klasse 1–4 und Klasse 5–8 untergliedert wurden, wurde jeweils das durchschnittliche Alter der Gruppe zu Grunde gelegt. Die Kinder aus den Kindergartengruppen sind im Durchschnitt 3,7 Jahre alt, aus den Klassen 1–4 7,9 Jahre alt und aus den Klassen 5–8 13,5 Jahre alt. Die entsprechenden Referenzwerte sind in der Tabelle 2.4 zusammengefasst.

Die Referenzwerte für die Proteinaufnahme stellen ein sicheres Level der Proteinzufuhr dar. Die Werte beziehen sich auf tierisches Hühnerei- und Milchprotein, ein Sicherheitszuschlag berücksichtigt Proteine mit niedriger biologischer Wertigkeit (FAO, 1985). Der Energiebedarf bezieht sich jeweils auf eine mittlere körperliche Aktivität (FAO, 2001). Bei Folsäure, Vitamin B_{12} sowie Vitamin A wird zwischen dem geschätzten durchschnittlichen Bedarf und der zwei SD höher liegenden empfohlenen Nährstoffaufnahme unterschieden. Die empfohlene

Nährstoffzufuhr ist hier höher als die empfohlene Menge auf Grund von eingeschränkter Bioverfügbarkeit und/oder Instabilität der Nährstoffe. Bei Zink wurden
die Referenzwerte für Zink mit einer niedrigen Bioverfügbarkeit gewählt, da
ein großer Teil der Nahrungsenergie aus phytatreicher Nahrung wie Mais und
Bohnen stammt. Bei Eisen wird zwischen Häm- und Nicht-Häm-Eisen unterschieden. Die Bioverfügbarkeit von Eisen wird durch vielen Faktoren beeinflusst.
Häm-Eisen kommt in tierischen Lebensmitteln vor und wird vom Körper besser aufgenommen (zu 15–30 %) als das in pflanzlichen Lebensmitteln enthaltene
Nicht-Häm-Eisen. Wird gleichzeitig 75–100 mg Vitamin C aufgenommen, kann
die Eisenaufnahme optimiert werden. Die Bioverfügbarkeit des aus tierischen
Lebensmitteln stammenden Eisens kann mit Hilfe von Vitamin C um bis das Vier-
fache erhöht werden. Die Bioverfügbarkeit des pflanzlichen Eisens beträgt 2–8 %.
Zudem ist die Bioverfügbarkeit wie beim Zink durch Inhaltsstoffe der pflanzlichen
Nahrung wie Phytat und Ballaststoffe zusätzlich eingeschränkt (Biesalski, 2013).
Für Entwicklungsländer wird die Bioverfügbarkeit des Nahrungseisens auf 5 oder
10 % geschätzt (WHO and FAO, 2004), an dieser Stelle werden die Werte für
10 % verwendet.

In der Tabelle wird jeweils die empfohlene Nährstoffaufnahme aufgeführt. Die
Daten beruhen insgesamt vor allem auf älteren Referenzwerten der WHO und
FAO, stellen heute jedoch weiterhin die aktuellen internationalen Referenzwerte
dar. Für einige Nährstoffe wurden die D-A-CH-Referenzwerte der Deutschen
Gesellschaft für Ernährung e. V. (DGE) verwendet, wenn die FAO keine Werte
angegeben haben.

Bei dieser Arbeit begrenzt sich die Bewertung der Ernährung aufgrund der the-
matisch höheren Relevanz und der Übersichtlichkeit auf die Nahrungsenergie, die
Makronährstoffe Proteine, Kohlenhydrate und Fett und folgende Mikronährstoffe:
Vitamin A, Vitamin B_1, Niacin, Folsäure, Vitamin B_{12}, Vitamin C, Calcium,
Eisen, Zink, Fluorid und Jod. Die thematische Relevanz der Nährstoffe wird im
Abschnitt 3.1 näher erläutert. Calcium und Fluorid sind zudem wichtig für die
Zahngesundheit und die Knochen (Elmadfa and Leitzmann, 2019).

Tabelle 2.4 Referenzwerte für die tägliche Nährstoffzufuhr

	Jungen			Mädchen			Quelle
	Kindergarten (Ø3,7 Jahre)	Klasse 1–4 (Ø7,9 Jahre)	Klasse 5–8 (Ø13,5 Jahre)	Kindergarten (Ø3,7 Jahre)	Klasse 1–4 (Ø7,9 Jahre)	Klasse 5–8 (Ø13,5 Jahre)	
Energie	1250 kcal	1700 kcal	2770 kcal	1150 kcal	1550 kcal	2375 kcal	(FAO, 2001)
Proteine	1,09 g/kg KG/Tag 14 g/Tag	1,01 g/kg KG/Tag 26 g/Tag	0,97 g/kg KG/Tag 50 g/Tag	1,09 g/kg KG/Tag 14 g/Tag	1,01 g/kg KG/Tag 26 g/Tag	0,94 g/kg KG/Tag 49 g/Tag	(FAO, 1985); (DGE, 2019)
Kohlenhydratre	≥55 E% ≙ ≥172 g	≥55 E% ≙ ≥234 g	≥55 E% ≙ ≥381 g	≥55 E% ≙ ≥158 g	≥55 E% ≙ ≥213 g	≥55 E% ≙ ≥327 g	(FAO, 1997)
Fett	25–35 E% ≙ 35–49 g	25–35 E% ≙ 47–66 g	25–35 E% ≙ 77–108 g	25–35 E% ≙ 32–45 g	25–35 E% ≙ 43–60 g	25–35 E% ≙ 65–92 g	(FAO, 2008)
Vit. A	400 µg RE	500 µg RE	600 µg RE	400 µg RE	500 µg RE	600 µg RE	(WHO and FAO 2004)
Vit. B$_1$	0,5 mg	0,9 mg	1,2 mg	0,5 mg	0,9 mg	1,1 mg	
Niacin	6 mg	12 mg	16 mg	6 mg	12 mg	16 mg	
Folsäure	150 µg	300 µg	400 µg	150 µg	300 µg	400 µg	
Vit. B$_{12}$	0,9 µg	1,8 µg	2,4 µg	0,9 µg	1,8 µg	2,4 µg	
Vit. C	30 mg	35 mg	40 mg	30 mg	35 mg	40 mg	
Calcium	600 mg	900 mg	1200 mg	600 mg	900 mg	1200 mg	(DGE, 2019a)
Eisen	5,8 mg	8,9 mg	14,6 mg	5,8 mg	8,9 mg	14 mg/32,7 mg (vor/nach der ersten Menstruation)	(WHO and FAO, 2004)
Zink	8,3 mg	11,2 mg	17,1 mg	8,3 mg	11,2 mg	14,4 mg	
Fluorid	70 µg	110 µg	320 µg	70 µg	110 µg	290 µg	(DGE, 2019b)
Jodid	120 µg	120 µg	140 µg	120 µg	120 µg	140 µg	(WHO, 2007)

KG = Körpergewicht; RE = Retinoläquivalent. (Eigene Darstellung, Quellen siehe Tabelle)

Bei eigenen Berechnungen der Energieprozent (E%) wird folgendes als Grundlage genutzt (Elmadfa and Leitzmann, 2019):

- 1 g Kohlenhydrat $\hat{=}$ 4 kcal,
- 1 g Protein $\hat{=}$ 4 kcal,
- 1 g Fett $\hat{=}$ 9 kcal.

Bei den Proteinen wird die Schulverpflegung sowohl auf eine ausreichende Menge als auch auf die Qualität untersucht. Mit der Qualität ist hier die biologische Wertigkeit gemeint. Generell haben tierische Aminosäuren eine höhere biologische Wertigkeit als pflanzliche. Zusätzlich haben tierische Lebensmittel meistens auch einen höheren Proteinanteil. Die Kombination von tierischen und pflanzlichen Proteinen kann die Wertigkeit der pflanzlichen Proteine deutlich erhöhen. Das Hühnerei hat mit 100 die höchste biologische Wertigkeit. Kartoffeln weisen eine Wertigkeit von 76 auf. Werden Hühnerei und Kartoffeln zusammenverzehrt, erhöht sich die biologische Wertigkeit auf 136 (bei 36 % Vollei und 64 % Kartoffeln). Die Bioverfügbarkeit der Proteine muss gewährleistet sein, damit sie vom Körper verwertet werden können. Kinder haben einen höheren Bedarf an essentiellen Aminosäuren als Erwachsene (Elmadfa and Leitzmann, 2019).

Das Fett ist nicht nur ein wichtiger Energieträger, sondern auch für die Resorption von fettlöslichen Vitaminen unentbehrlich. Zudem sollte beachtet werden, dass eine ausreichende Fettaufnahme eher dazu beiträgt, dass essentielle Fettsäuren ausreichend aufgenommen werden (FAO, 2008). Gesättigte Fettsäuren sind vor allem in tierischen und (essentielle) mehrfach ungesättigte Fettsäuren in Pflanzenölen. Langkettige mehrfach ungesättigte Fettsäuren sind zum Beispiel notwendige für die Gehirnentwicklung. Zudem verringern ungesättigte Fettsäuren das Risiko einer kardiovaskulären Erkrankung. Eine zu geringe Fettaufnahme kann zur Energieunterversorgung sowie zu einem Mangel an essentiellen Fettsäuren führen (Elmadfa and Leitzmann, 2019). Die Ernährung der Vorschul- und Schulkinder wird deshalb auf Fettemenge sowie auch auf den Quellen des Nahrungsfettes untersucht.

Ergebnisse 3

3.1 Theoretischer Hintergrund

3.1.1 Fehl- und Mangelernährung bei Kindern

Es gibt verschiedene Formen der Fehl- und Mangelernährung bei Kindern. Zum einen gibt es Formen der Unterernährung. Hier wird zwischen schwerer akuter Mangelernährung (SAM, severe acute malnutrition) und chronischer Mangelernährung unterschieden. Insbesondere Kinder unter fünf Jahren sind von einer Mangelernährung betroffen, da sie für ihr Wachstums verhältnismäßig deutlich mehr Nährstoffe benötigen als Erwachsene. Der Begriff der „Protein-Energie-Malnutrition" (PEM) wurde von dem Begriff der „globalen Malnutrition" ersetzt, da heute bekannt ist, dass nicht nur ein Mangel an Proteinen und Kalorien vorliegt, sondern es sich um einen komplexen Mangelzustand handelt, in dem es an vielen weiteren wichtige Mikronährstoffe mangelt. Die globale Mangelernährung umfasst sowohl die leichten als auch die klinisch manifesten Ausprägungen der Mangelernährung (Elmadfa and Leitzmann, 2019).

Bei der Unterernährung geht es insbesondere um quantitative Faktoren der Nahrungszufuhr. Bei einem Mikronährstoffmangel, der häufig verdeckt ist und deswegen auch „Hidden Hunger" oder der „verborgener Hunger" genannt wird, werden insbesondere qualitative Aspekte der Ernährung betrachtet (Biesalski, 2013). Bei einer Mangelernährung mit Untergewicht kann fast immer davon ausgegangen werden, dass auch ein Mikronährstoffmangel vorliegt (Biesalski, 2018). Mangelernährung bei Kindern ist auch immer eng mit einer Immunschwäche assoziiert und steht im direkten Zusammenhang mit erhöhter Morbidität und Mortalität (Bourke, Berkley and Prendergast, 2016).

© Der/die Herausgeber bzw. der/die Autor(en), exklusiv lizenziert durch Springer Fachmedien Wiesbaden GmbH, ein Teil von Springer Nature 2020
C. Niers, *Ernährungszustand und Schulverpflegung in Kenia*, Forschungsreihe der FH Münster, https://doi.org/10.1007/978-3-658-31685-3_3

Das Übergewicht ist ebenfalls eine Form der Fehlernährung, die durch eine Überernährung entsteht (Elmadfa and Leitzmann, 2019).

Die aktuelle Internationale Klassifikation der Krankheiten ICD-10 aus dem Jahre 1990 fasst bereits einige Diagnosen der Unterernährung auf. Im Mai 2019 wurde eine elfte Revision der ICD verabschiedet. In der ICD-11, die im Jahr 2022 in Kraft treten soll, wird die Bandbreite der Formen der Unterernährung differenzierter dargestellt. Geht die ICD-10 vor allem auf die Diagnosen der SAM ein, so unterscheidet die ICD-11 hier feiner. Auch der Mangel einzelner Mineralstoffe lässt sich anhand der ICD-11 genauer beschreiben. So ist der Zinkmangel hier als eigenständige Diagnose aufgeführt mit den Hinweisen der Folgen wie einer Wachstumsdepression (Jakob, 2018; WHO, 2016, 2019a).

In den folgenden Kapiteln werden die Merkmale der genannten Formen der Fehl- und Mangelernährung, die nicht immer eindeutig voneinander zu trennen sind, genauer dargestellt.

3.1.1.1 Formen der Unterernährung

Untergewicht entsteht durch eine akute und chronische Unterernährung. Eine schwere Unterernährung ist lebensbedrohlich. Bei Kindern entsteht sie in den meisten Fällen durch ein unzureichendes Nahrungsangebot (Krawinkel, 2018). Unterernährung umfasst Stunting, Wasting und auch den Mikronährstoffmangel (Black et al., 2008). Im Folgenden werden die verschiedenen Formen genauer dargestellt.

Marasmus

Beim Krankheitsbild des Marasmus liegt ein quantitativer Nährstoffmangel mit schwerem Untergewicht vor. Insbesondere Kinder im Alter von sechs Monaten bis zwei Jahren können darunter leiden (Elmadfa and Leitzmann, 2019). Als Indikator für Marasmus wird das Verhältnis von Körpergewicht zu Körperlänge/-größe genutzt. Befindet sich ein Kind im Vergleich zur WHO-Referenz mehr als zwei SD unterhalb des Medians, wird von einer moderaten akuten Unterernährung ausgegangen und bei mehr als drei SD unter dem Median von einer schweren Form, dem Marasmus (Bandsma et al., 2011; Wolter, 2009).

Die Kinder sind „ausgezehrt" oder „wasted". Letzterer Begriff sowie „Wasting" werden insbesondere in der internationalen Literatur verwendet. Häufig haben die betroffenen Kinder bei Geburt bereits ein niedriges Gewicht oder sind Frühgeburten. Das Unterhautfettgewebe sowie die Muskeln sind deutlich abgebaut und insbesondere die Extremitäten bestehen noch aus „Haut und Knochen". Häufig kommt es zu einem Verlust von 50 % des Körpergewichtes. Kinder mit Marasmus sind besonders gefährdet zu dehydrieren, da das Fettgewebe auch einen

Wasserspeicher darstellt. Aufgrund eines Verlustes des Unterhautfettgewebes sind die Wangen eingefallen und die Augen stehen hervor. Dadurch kommt es zu dem für Marasmus typischen sogenannten „old man face". Der Kopf wirkt im Verhältnis zum verkümmerten Körper groß. Das Abdomen kann ausladend wirken, hervorgerufen durch eine ausgeprägte Wurminfektion, Meteorismus oder eine Organanomalie. Die Kinder wirken, anders als bei Kwashiorkor, aufmerksam und wach, sind trotz der Schwäche körperlich aktiv und äußern Hunger. Marasmus ist mit häufigen Infekten, oftmals infektiöse Diarrhoen sowie Dehydration assoziiert und dadurch auch mit einer hohen Mortalität. Für die Immunschwäche wird die Mangelernährung als Ursache gesehen (Krawinkel, 2010; Krawinkel, 2018; Elmadfa and Leitzmann, 2019).

Werden Säuglinge sehr früh abgestillt, kann dies die Entstehung von Marasmus begünstigen. Dies kann insbesondere arme Familien betreffen, da sie aufgrund der finanziellen Lage bald nach der Geburt wieder erwerbstätig werden müssen. Die Muttermilch wird dann in der Regel durch industrielle Nahrung ersetzt. Hier besteht das Risiko, dass sie nicht einwandfrei zubereitet wird. Wird sie aus Kostengründen oder wegen Unwissenheit mit unreinem Trinkwasser sehr stark verdünnt, kann dies schließlich zu Diarrhoen und Untergewicht führen. Gebiert die Mutter des Säuglings bald wieder ein weiteres Kind, besteht häufig ebenso ein höheres Risiko des älteren Kindes, an Marasmus zu erkranken, beispielsweise durch das Abstillen (Elmadfa and Leitzmann, 2019).

Kwashiorkor

Der Begriff Kwashiorkor stammt aus Ghana und steht für „die Krankheit, die das ältere Kind bekommt, wenn das nächste Baby geboren wird". Es tritt insbesondere auf, wenn das Kind plötzlich komplett auf die Erwachsenen-Kost umgestellt wird (Elmadfa and Leitzmann, 2019; Schroeder, 2008).

Bei dem Krankheitsbild des Kwashiorkors liegen neben der schweren Auszehrung Ödeme und Aszites vor. Der Gewichtsverlust ist mit 60–80 % höher als bei Marasmus, fällt aufgrund der Ödeme jedoch nicht so stark auf. Die schwere Mangelernährung bleibt dadurch auch bei der Mutter lange unbemerkt (Elmadfa and Leitzmann, 2019). Weiterhin kann Kwashiorkor an Haut- und Haarveränderungen erkannt werden. Das Haar ist rötlich oder depigmentiert, schütter sowie entkräuselt und die Haut weist Pigmentierungsstörungen und Ulzerationen auf. Als Folge hoher endogener Kortisolproduktion weist ein Kind mit Kwashiorkor oft ein cushingoide Fazies auf, auch bekannt als „Mondgesicht" (Krawinkel, 2010). Betroffene Kinder sind weinerlich, apatisch, weisen ein getrübtes Bewusstsein auf und äußern keinen Hunger. Durch die katabolen Stoffwechselsituation verändert sich der Fettstoffwechsel. Die aus der Lipolyse des Depotfettes resultierenden freien Fettsäuren können nicht ausreichend abgebaut werden, akkumulieren in der Leber und führen zu einer Fettleber, eines der Hauptkennzeichen eines Kwashiorkors. Auch der Herzmuskel kann verfetten und eine Herzinsuffizienz zur Folge haben, die zudem die Therapie erschwert, da sie bei Flüssigkeits- und Natriumgabe leicht dekompensiert. Weitere Folgen des Kwashiorkors sind Vitaminmangel, Anämien sowie eine Malabsorptionen durch Dünndarmzotten- natrophie, die ebenfalls die Therapie schwieriger machen. Auch die geistige Entwicklung kann durch eine Mangelernährung beeinträchtigt werden. Bei akuter Malnutrition ist sie nach erfolgreicher Therapie in den meisten Fällen rever- sibel. Bei chronischer Unterversorgung von Nährstoffen hingegen, auch schon vor der Geburt des Kindes, bleiben Schäden oftmals bestehen (Krawinkel, 2010; Krawinkel, 2018).

Kwashiorkor entwickelt sich schneller als Marasmus und geht häufig mit Infektionen einher. Es ist schwerer zu behandeln und die Letalität ist deutlich höher als bei Marasmus. Lange wurde bei der Pathogenese der Proteinmangel aus Hauptursache gesehen. Bis heute ist man sich unsicher, aus welchem Grund genau einige Kinder an Kwashiorkor und andere an Marasmus erkranken, obwohl sie die gleiche Ernährung erhalten (Elmadfa and Leitzmann, 2019). Bei Kwa- shiorkor liegt deutlich mehr oxidativer Stress vor als bei Marasmus, der eine Lipidperoxidation zur Folge hat. Dieser wiederum führt zu einer höheren Per- meabilität der Membranen und begünstigt das Austreten der Flüssigkeit und der Entstehung von Ödemen (Krawinkel, 2018). Oxidativer Stress liegt vor, wenn mehr freie Radikale vorhanden sind, als der Körper antioxidatives Potential auf- weisen kann. Dieser Zustand wird insbesondere durch Infektionen, beispielsweise mit Masern, begünstigt. Dies ist einer von vielen Faktoren, der für die Entstehung von Kwashiorkor verantwortlich gemacht wird (Elmadfa and Leitzmann, 2019). Zudem gibt es Hinweise darauf, dass bei Kwashiorkor eine entzündungsbedingte Insulinresistenz vorliegt. Eine damit verbundene gestörte Glukosetoleranz kann bei einer Mangelernährung die Situation deutlich verschlechtern (Briend, Khara and Dolan, 2015; Spoelstra et al., 2012).

Marasmischer Kwashiorkor stellt eine Mischform der beiden schweren Erkran- kungen der Mangelernährung dar, bei der die Symptome beider Formen auftreten (Elmadfa and Leitzmann, 2019).

Stunting
Aus einer chronischen Mangelsituation, die über einen längeren Zeitraum anhält, kann eine Wachstumsverzögerung resultieren (Krawinkel, 2010), auch Stunting genannt. Betroffene Kinder sind zu leicht und vor allem zu klein für ihr Alter (Elmadfa and Leitzmann, 2019). Obwohl Kinder mit Stunting auch normal- oder

übergewichtig sein können (WHO, 2008). Es ist die häufigste Form der Unterernährung weltweit (Prendergast and Humphrey, 2014). Für die Identifizierung von Stunting ist das Verhältnis von Körpergewicht zu Alter der geeignetste Indikator. Bei einer Abweichung von mehr als zwei SD unterhalb des Medians der Referenzpopulation liegt eine Wachstumsverzögerung vor (Elmadfa and Leitzmann, 2019).

Stunting entsteht bereits in den ersten 1000 Tagen des Kindes, angefangen vom Tag der Konzeption der Mutter bis zum vollendeten zweiten Lebensjahr. In dieser Zeit haben Interventionen gegen Stunting auch die besten Chancen zu wirken. Diätetische Maßnahmen von Frauen in der Zeit vor der Empfängnis können wirksam sein, um Wachstumsverzögerung des Kindes entgegenzuwirken. Kleinwuchs ist an sich nicht schädlich, beim Stunting liegen jedoch weitere pathologische Veränderungen vor, die die Morbidität und Mortalität erhöhen. Es handelt sich um einen zyklischen Prozess, da Nachwuchs von Frauen mit Stunting, vor allem wenn sie bereits im Jungendalter gebären, häufig auch davon betroffen sind (Prendergast and Humphrey, 2014). Zudem enthält die Muttermilch von mangelernährten Mütter ebenso unzureichende Nährstoffe (Biesalski, 2013). Es wurden Korrelationen zwischen der Statur der Mutter und der Sterblichkeit von Nachkommen sowie Untergewicht und Entwicklungsstörungen im Säuglings- und Kindesalter festgestellt (Özaltin, Hill and Subramanian, 2010). Weiterhin ist auch die Müttersterblichkeit bei der Geburt der Mutter mit Stunting und gleichzeitiger Anämie mit mindestens 20 % sehr hoch (Black et al., 2008). Stunting schränkt auch die kognitive Entwicklung des Kindes ein und wird, da es langfristige Folgen sind, auch als Einschränkung des Humankapitals einer Population gesehen. Stunting gilt deswegen auch als Surrogatparameter für die ungleiche Kindergesundheit. Von Stunting betroffene Kinder gehen seltener oder später in die Schule, weisen schlechtere Leistungen auf und sind öfter Verhaltensauffällig (Prendergast and Humphrey, 2014).

Die Pathogenese ist noch nicht genau erforscht. Sicher scheint der Zusammenhang von Umweltfaktoren wie der Ernährungszustand der Mutter, Fütterungspraktiken wie suboptimales Stillen und nicht korrekt zubereitete industrielle Säuglingsnahrung, Mikronährstoffmangel, Hygiene, die Häufigkeit von Infektionen und der Zugang zur Gesundheitsversorgung als Hauptfaktoren für das Wachstum in den ersten zwei Lebensjahren. Der Zeitraum von sechs bis 24 Monaten ist einer der kritischsten für das Wachstum von Kindern (Prendergast and Humphrey, 2014). Jungen sind bei Kindern unter fünf Jahren Jungen häufiger von Stunting betroffen, als Mädchen. Begründet wird diese Tatsache mit einer höheren Anfälligkeit für gesundheitliche Einschränkungen von Jungen (Wamani et al., 2007).

Die Supplementierung von Eisen (Imdad and Bhutta, 2012b) und Calcium (Imdad and Bhutta, 2012a) in der Schwangerschaft bewirkten in Studien ein höheres Geburtsgewicht und können einem Stunting entgegenwirken. Unter Marasmus leidende Kinder wiesen zugleich häufig auch Stunting auf. Das Sterberisiko steigt dramatisch an, wenn beide Formen gleichzeitig vorhanden sind (Briend, Khara and Dolan, 2015).

3.1.1.2 Mikronährstoffmangel „Hidden Hunger"

Unter Hidden Hunger versteht man einen Mangel an essenziellen Mikronährstoffen. Hierzu zählen Mineralien, Vitamine und Spurenelemente. Da es keine eindeutigen Symptome gibt und die betroffenen Kinder oftmals satt und nicht untergewichtig sind und eine ausreichende Energiezufuhr haben, spricht man von verborgenem Hunger. Der Körper signalisiert, im Gegensatz zur Energieunterversorgung, keine Reaktion wie Hunger. Je nachdem, welche Mikronährstoffe unzureichend aufgenommen werden, kann es zu unterschiedlichen Folgen und insgesamt zu einem chronischen Mangelernährungszustand führen. Liegen typische Mangelerscheinungen vor, ist in den meisten Fällen bereits eine schwere Form der Mangelernährung manifest, die zu 90 % in den Entwicklungsländern vorkommen. Insbesondere die zumeist lange Zeit vor dem klinischen Erscheinungsbild des Mangels wird als verborgener Hunger betrachtet. Armut, die dazu führt, dass eine ausgewogene Ernährung für die Familien nicht erschwinglich ist, wird als hauptursächlich betrachtet (Biesalski, 2018).

Stunting stellt die häufigste Folge des chronischen Mikronährstoffmangels dar und wird im Abschnitt 3.1.1.1 genauer beschrieben. Auch bei Übergewicht kann ein Mikronährstoffmangel vorliegen, wenn die Ernährung sehr energiereich und gleichzeitig mikronährstoffarm ist – deshalb auch als „double burden" bezeichnet. Dieses Phänomen kommt auch in der westlichen Zivilisation vor. In dem Zeitraum der ersten 1000 Tage haben die Folgen eines Mikronährstoffmangels die größten Auswirkungen. Abbildung 3.1 stellt mögliche Folgen von Mikronährstoffdefiziten der Mutter auf die Entwicklung des Kindes dar. Intrauterine Wachstumsretardierung kann viele unterschiedliche negative Folgen haben. Beispielsweise wächst das Immunsystem nicht ausreichend heran und Organe bleiben unterentwickelt (Biesalski, 2018).

Die kritischsten Mikronährstoffe stellen Eisen, Jod, Vitamin A und Zink dar. Bei anderen Nährstoffen wie Folsäure, Vitamin D und B_{12} gibt es bislang unzureichende Daten. Es wird jedoch auch von hohen Mangelprävalenzen ausgegangen (Biesalski, 2013), unter anderem auch, weil Mikronährstoffmängel selten isoliert auftreten (Kennedy, Nantel and Shetty, 2003).

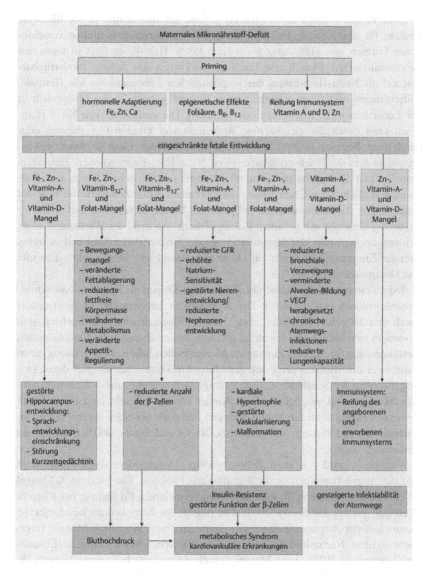

Abbildung 3.1 Mikronährstoffdefizite der Mutter und die Folgen für das Kind (Biesalski, 2018)

Eisenmangel bedingt durch eine zu geringe Eisenaufnahme ist die häufigste Ursache für eine Anämie. Eisenquellen liegen in Lebensmitteln in zwei verschiedenen Formen vor: Häm- und Nicht-Häm-Eisen. Häm-Eisen liegt in tierischen Lebensmitteln wie Fleisch und Fisch vor und weist eine höhere Bioverfügbarkeit auf als Nicht-Häm-Eisen, das in pflanzlichen Lebensmitteln wie Getreide, Hülsenfrüchte und Gemüse enthalten ist. Besonders hoch ist der Eisengehalt in der Leber von z. B. Schweinen oder Rindern. Die Aufnahme von Nicht-Häm-Eisen kann durch die gleichzeitige Aufnahme von Vitamin C verbessert oder durch zum Beispiel Phytate reduziert werden. Werden Getreide lange gewässert, kann dies die Eisenverfügbarkeit von Nicht-Häm-Eisen erhöhen. Besonders vorteilhaft ist die Kombination von pflanzlichem und tierischem Eisen, weil hierdurch das Nicht-Häm-Eisen besser aufgenommen wird. Zudem sollte beachtet werden, dass die Eisenresorption bei geleerten Eisenspeichern deutlich effektiver ist, als bei Personen mit gefüllten Eisenspeichern. Während des Wachstums, einer Schwangerschaft oder der Menstruation ist der Eisenbedarf erhöht und es treten häufiger Eisenmangelanämien auf (Kennedy, Nantel and Shetty, 2003; Elmadfa and Leitzmann, 2019).

Jod ist ein essentieller Mineralstoff, der vom Körper zur Synthese von Schilddrüsenhormonen benötigt wird. Der Jodgehalt in Lebensmittel ist determiniert durch den Jodgehalt in Böden und Umwelt. Meeresfrüchte wie Seefisch sind besonders gute Jodquellen. Innereien und Eier weisen ebenso hohe Jodgehalte auf. Bevölkerungen, die keinen Zugang zu Meeresfischen haben, weisen häufig einen Jodmangel auf. Klinisch zeigt sich der Mangel in Form eines Kropfes durch eine Vergrößerung der Schilddrüse. Eine geistige Behinderung sowie Wachstumseinschränkungen sind mögliche Folgen. Kinder können mit schweren Hirnschäden geboren werden, wenn die Mutter während und nach der Schwangerschaft unzureichend mit Jod versorgt war (Kennedy, Nantel and Shetty, 2003; Elmadfa and Leitzmann, 2019).

Vitamin A wird von allen Zellen benötigt. Insbesondere das Immunsystem und die Augen benötigen es für ihre normale Funktion. Ein Vitamin A-Mangel ist die häufigste Ursache für eine ansonsten vermeidbare Erblindung bei Kindern (Kennedy, Nantel and Shetty, 2003). Der Begriff der Xerophtalmie beschreibt die Gesamtheit der Augenveränderungen, die durch einen Vitamin A-Mangel verursacht werden. Nachtblindheit ist das erste Anzeichen eines Mangels (Elmadfa and Leitzmann, 2019). Eine Masernerkrankung verläuft bei einem Vitamin A-Mangel häufig tödlich. Es wird vermutet, dass die Kindersterblichkeit durch eine hochdosierte Vitamin A-Supplementierung um 12–24 % reduziert werden könnte (UNICEF, 2019d). Besonders Vitamin A-reiche Quellen sind Innereien wie Schweineleber und Käse. Karotten sind eine besonders Vitamin A-reiche

Gemüsesorte. Mango und Papaya stellen zwei Vitamin A-reiche Obstsorten dar (Elmadfa and Leitzmann, 2019).

Zink ist für viele Stoffwechselvorgänge notwendig. Bei einem Mangel verringert sich die Anzahl der Lymphozyten und hat eine eingeschränkte Immunabwehr zur Folge. Ein Zinkmangel liegt oft gleichzeitig mit einem Vitamin A-Mangel vor, dies verstärkt die Immunschwäche. Weitere Symptomen sind Stunting, entzündete Mundschleimhaut, Haarausfall und als Folge des herabgesetzten Immunsystems starke Durchfallerkrankungen und dadurch bedingte höhere Nährstoffverluste, Lungenentzündungen, häufige Malariainfektionen und damit insgesamt eine erhöhte Sterblichkeit (Biesalski, 2013). Zink ist insbesondere in Fleisch, Milchprodukte und Eier in höheren Mengen enthalten. Einen besonders hohen Zinkgehalt hat die Kalbsleber. In pflanzlichen Lebensmitteln sind die Zinkmengen eher gering und zudem auch weniger gut bioverfügbar (Elmadfa and Leitzmann, 2019). Eine Supplementierung von Zink kann sich bei Kindern unter fünf Jahren positiv auf das Wachstum auswirken (Imdad and Bhutta, 2011). Es konnte jedoch gezeigt werden, dass Supplemente, die mehrere Mikronährstoffe enthalten, effektiver auf das Wachstum wirken (Branca and Ferrari, 2002).

Nahrungsergänzungsmittel sowie angereicherte Lebensmittel können dazu beitragen, dass mehr Mikronährstoffe aufgenommen werden. Diese beiden Strategien sind jedoch teuer und manchmal unpraktisch (Shekhar, 2013). Eine bekannte Lebensmittelanreicherung ist das Speisesalz mit Jod (Caulfield et al., 2006).

Biofortifizierungsprogramme wie HarvestPlus haben das Ziel, Pflanzen mit höheren Mikronährstoffgehalten zu züchten, die Grundnahrungsmittel für viele Bevölkerungen darstellen. So sollen auf diese Weise eisenhaltige Kidneybohnen und eisenhaltiger Hirse, Vitamin A-reicher Kassava und Mais sowie Reis und Weizenmehl mit erhöhtem Zinkanteil produziert werden. Dies ist ein möglicher kostengünstiger und nachhaltiger Lösungsansatz zur Reduktion der Mikronährstoffmangelernährung. Zu beachten ist hier die Integration und Akzeptanz der Landwirtschaft (HarvestPlus, 2019).

3.1.1.3 Überernährung

Übergewicht und Fettleibigkeit werden als abnorme oder übermäßige Fettansammlung definiert, die die Gesundheit beeinträchtigen kann. Bei Erwachsenen wird der Body-Mass-Index (BMI) für die Definition verwendet. Ab einem BMI von 25 kg/m^2 liegt ein Übergewicht vor, ab 30 kg/m^2 Adipositas (WHO, 2018a).

Auch bei Kindern und Jugendlichen hat sich die Verwendung des BMI durchgesetzt. Hier ist es notwendig, ermittelte BMI-Werte zu alters- und geschlechtsspezifischen Referenzwerten in Bezug zu setzten (Wabitsch and Moß, 2018). Für

Kinder unter fünf Jahren liegt Übergewicht vor, wenn das Gewicht im Verhältnis zu Alter und Körpergröße/-länge über der zweiten SD oberhalb des Median der Referenzwerte Weight-for-Height der WHO Child Growth Reference befindet. Bei einem Gewicht oberhalb der dritten SD vom Median liegt eine Adipositas vor. Im Alter von fünf bis 19 Jahren liegt ein Übergewicht vor, wenn der BMI oberhalb der zweiten SD liegt und Adipositas oberhalb der dritten SD (WHO, 2018a).

Übersteigt die Energiezufuhr den Energieverbrauch, legt der Körper Fettspeicher an – der Hauptgrund für Übergewicht und Adipositas (Reinehr, 2008). Als Ursache wird eine Veränderung der traditionellen Ernährungsmuster gesehen, die reich an komplexen Kohlenhydraten und Ballaststoffen sind. Es werden vermehrt Lebensmittel aufgenommen, die hohe Anteile an Fett, Zucker und Eiweiße enthalten (Krawinkel, 2010). Gleichzeitig sind diese energiereichen Lebensmittel oftmals mikronährstoffarm. Dies kann gleichzeitig einen Mikronährstoffmangel begünstigen (WHO, 2018a). Weiterhin sind auch veränderte Umweltbedingungen für eine Gewichtszunahme verantwortlich. Die verminderte körperliche Aktivität wird mit der Veränderung der Fortbewegungsmittel, vor allem in städtischen Regionen (WHO, 2018a), der fehlenden Spielbereiche für Kinder, und auch einer veränderten Freizeitgestaltung mit zunehmendem Medienkonsum wie Computerspiele und Fernsehen begründet (Reinehr, 2008).

Übergewicht und Adipositas ist mit einer Vielzahl von Folgeerkrankungen wie Diabetes mellitus Typ 2, Herz-Kreislauf-Erkrankungen, Fettstoffwechselstörungen und Erkrankungen des Bewegungsapparates wie Arthrose assoziiert. Einige Folgeerscheinungen treten bereits im Kindesalter auf. Aus übergewichtigen Kindern werden in den meisten Fällen auch übergewichtige Erwachsene. Insgesamt steigt dadurch die Morbidität und Mortalität (Reinehr, 2012).

Die weltweite Prävalenz von Adipositas hat sich von 1975 bis 2016 fast verdreifacht. 2016 waren circa 41 Millionen Kinder unter fünf Jahren übergewichtig oder adipös. Mittlerweile ist diese Problematik nicht nur für einkommensstarke Länder relevant, sondern auch immer mehr für die Länder mit niedrigem oder mittlerem Einkommen. So leben etwa die Hälfte aller übergewichtigen Kinder unter fünf Jahren in Asien. Auch in Afrika hat sich die Anzahl seit dem Jahr 2000 verdoppelt. Übergewicht und Adipositas führen weltweit häufiger zum Tod als Untergewicht. Bis auf in Teilen Afrikas südlich der Sahara und in Asien gibt es weltweit mehr Menschen, die übergewichtig als untergewichtig sind (WHO, 2018a).

3.1.2 Mangelernährung weltweit

In den Industrieländern sowie in einigen Schwellenländern ist die Überernährung mit ihren Folgeerkrankungen das hauptsächliche Problem in der Ernährung und damit auch mit hohen volkswirtschaftlichen Kosten verbunden. In den Entwicklungsländern hingegen sind die verschiedenen Formen der Mangelernährung vorherrschend (Elmadfa and Leitzmann, 2019).

Am 01. April 2016 wurde die Aktionsdekade (2016–2025) der Vereinten Nationen für Ernährung ausgerufen. Das Ziel ist, die Mitgliedstaaten dazu zu verpflichten, intensiver gegen Hunger, Unter- und Mangelernährung sowie Überernährung anzukämpfen (BMEL, 2016). Dies bietet Interessensgruppen zudem die Gelegenheit, ihre Anstrengungen gegen Hunger und Mangelernährung zu verstärken. Die Aktionsdekade soll eine besondere Chance darstellen, die Welternährung nachhaltig und wirkungsvoll zu verbessern (WHO, 2019b).

Weltweit sind schätzungsweise 16 Millionen Kinder weltweit von SAM betroffen. SAM kommt hauptsächlich aus Entwicklungsländern vor, in denen chronische Armut, mangelnde Bildung, mangelnde Hygiene, eingeschränkter Zugang zu Nahrungsmitteln und eine schlechte Ernährung vorherrschen. Dies stellt große Hindernisse in der Entwicklung dieser Länder dar (UNICEF, 2015).

Die Zahl der hungernden Menschen weltweit hat seit 2014 wieder zugenommen. 2017 haben 821 Millionen Menschen dauerhaft unzureichend Nahrung. 98 % der betroffenen Menschen leben in Entwicklungsländer (Aktion Deutschland Hilft e. V., 2019). Afrika ist mit fast 21 % und etwa 256 Millionen Menschen weiterhin der Kontinent mit der höchsten Prävalenz. Die Region südlich der Sahara ist besonders betroffen. Bis auf in Ostafrika sind dort überall steigende Prävalenzen zu beobachten. Danach folgt Asien mit einer Prävalenz von 11,4 % und 515 Millionen Menschen. Die steigenden Zahlen werden auch mit der schnell wachsenden Weltbevölkerung in Verbindung gebracht. Die Anzahl der Kinder unter fünf Jahren, die von Stunting betroffen sind, ist mit 151 Millionen Kindern etwas heruntergegangen, aber weiterhin sehr hoch. Etwa 50 Millionen Kinder unter fünf Jahren sind schwer unterernährt. Etwa die Hälfte davon in Asien und etwa ein Viertel in Afrika unterhalb der Sahara. Klimatische Veränderungen und Extreme tragen stark zu einer Nahrungsmittelunsicherheit bei. Die Nahrungsmittelunsicherheit ist weltweit von 2014 auf 2017 stark gestiegen, insbesondere in Afrika. Im Vergleich sind Frauen hier stärker benachteiligt als Männer (FAO et al., 2018).

In den vergangenen Jahren rückte die Thematik des Mikronährstoffmangels weiter in den Vordergrund. Laut des Welthunger-Index 2014 mit dem Schwerpunkt „Herausforderung verborgener Hunger" beläuft sich die weltweite Prävalenz auf 2 Milliarden Menschen (Welthungerhilfe, IFPRI and Concern Worldwide, 2014).

Die Ursachen für die Entstehung eines schlechten Ernährungszustands sind komplex und von vielen Faktoren abhängig. Nicht nur die Nahrungssicherheit, also der Zugang zu notwendiger Nahrung für ein gesundes Leben, ist notwendig für die Ernährungssicherheit. Auch wenn genügend Nahrung vorhanden ist und die Gesundheitsdienste ausreichend sind, ist die (familiäre) Fürsorgekapazität für eine gesunde Entwicklung unabdingbar. Kinder, schwangere Frauen und andere Menschen benötigen Fürsorge in Form von Zeit, Unterstützung und Aufmerksamkeit, um körperliche, geistige und soziale Bedürfnisse zu stillen. Dies kann die elterliche/familiäre Fürsorge sein, die besonders bei Kindern wichtig ist, oder aber auch die gesellschaftliche Fürsorgekapazität. In vielen Ländern ist die Frau die entscheidende Person einer Familie im Bereich der Fürsorge, sodass die Fürsorge insbesondere von der Situation der Frau abhängt. So haben zum Beispiel ihr Bildungsstand sowie ihr Gesundheitszustand einen großen Einfluss auf die Kindesentwicklung (Elmadfa and Leitzmann, 2019; Krawinkel, 2010). Die Abbildung 3.2, angelehnt an ein Modell von UNICEF, stellt die Ursachen für einen schlechten Ernährungszustand dar.

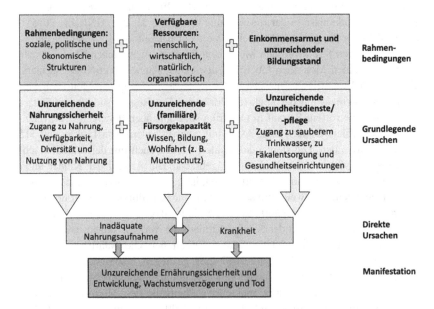

Abbildung 3.2 Modell der Entstehung der unzureichenden Ernährungssicherheit (eigene Darstellung verändert nach Krawinkel (2010) und UNICEF (2004))

Weiterhin haben klimabedingte Umweltkatastrophen wie Dürre oder Überschwemmungen, „Land Grabbing", in dem Kleinbauern ihr Land verlieren, Umweltzerstörung und durch Krieg bedingte Hungersnöte einen negativen Einfluss auf die Nahrungssicherheit (Aktion Deutschland Hilft e. V., 2019).

3.1.3 Das Land Kenia

Die Republik Kenia liegt im Osten Afrikas, ist 580.367 Quadratkilometer groß und hat eine geschätzte Bevölkerung von 47,9 Millionen Menschen, die pro Jahr um 2,6 % wächst. Kenia ist ein Vielvölkerstaat, in dem die Einwohner von über 40 Ethnien abstammen. Kikuyu (22 %), Luhya (14 %) und Luo (13 %) stellen die größten Stämme dar. Das Klima an der Küste ist tropisch, im Norden sowie Nordosten semi-arid und arid und im zentralen Hochland sub-tropisch. Englisch sowie Kiswahili stellen die Amtssprachen dar. Es gibt zudem etwa 70 weitere regionale Sprachen. 70 % der Kenianer bekennen sich der christlichen Religion an, 20 % zählen zu den Muslimen und etwa zehn Prozent werden den Naturreligionen zugeordnet. Kenia hat die Staatsform einer Präsidialrepublik und hatte im Jahr 2016 ein Bruttoinlandsprodukt von circa 69,2 Milliarden US-Dollar. Das Durchschnittsalter des Kenianers liegt bei 19 Jahren (Auswärtiges Amt, 2017b; Auswärtiges Amt, 2017a).

Im Jahr 2017 stellt Kenia in Ostafrika nach Äthiopien mit einem Wirtschaftswachstum von 4,9 % die zweitgrößte Volkswirtschaft dar. Die Landwirtschaft stellt den hauptsächlichen Wirtschaftsbereich dar, gefolgt von dem Bereich der Dienstleistungsbranche und dem Tourismus. In der Ostafrikanischen Gemeinschaft EAC (East African Community), in der seit 2010 ein gemeinsamer Binnenmarkt besteht, ist Kenia als Gründungsmitglied die treibende Kraft (BMZ, 2019).

Auf dem Index der menschlichen Entwicklung (HDI, Human Development Index), der im Jahre 2017 vom Entwicklungsprogramm der Vereinten Nationen (UNDP, United Nations Development Programme) veröffentlicht wurde, befindet sich Kenia mit einem Index von 0,590 bei 189 Ländern auf dem Rank 142. Bei diesem Index werden die Lebenserwartung, die Schulbildung sowie das Einkommen-pro-Kopf zusammengefasst und sollen die Entwicklung eines Landes darstellen (UNDP, 2018b). In Tabelle 3.1 werden einige Indikatoren dargestellt, die den HDI für Kenia ergeben.

Einige Indikatoren des HDI wie beispielsweise die Kindermortalitätsrate lassen bereits vermuten, dass das Gesundheitssystem in Kenia Defizite aufweist.

Tabelle 3.1 Auswahl Indikatoren des HDI für Kenia (eigene Darstellung nach UNDP (2018))

Indikator	Angaben zu Kenia
Lebenserwartung bei Geburt	67,3 Jahre
Unterernährung bei Kindern, mittleres oder schweres Stunting (Kinder unter 5 Jahre)	26,2 %
HIV-Prävalenz bei Erwachsenen (im Alter von 15–49 Jahren)	5,4 %
Mortalitätsrate bei Kindern unter 5 Jahren	49,2 pro 1000 Geburten
Anteil der Erwerbstätigen (ab 15 Jahren), die mit weniger als 3,10 USD pro Tag leben	26,8 %
Anteil der Bevölkerung, der verbesserte Trinkwasserquellen nutzt	58,5 %

Zum Vergleich: In Deutschland liegt die Mortalität bei Kindern unter 5 Jahren bei 1000 Geburten bei 3,8 (UNDP, 2018a). Obwohl einige grundsätzliche Gesundheitsdienste für die kenianische Bevölkerung kostenfrei sind, kann die Behandlung eines Krankheitsfalls für den Großteil der Kenianer, insbesondere für die Armen, die finanzielle Existenz kosten (BMZ, 2019). Etwa 20 % der Einwohner Kenias sind krankenversichert, die meisten von ihnen sind im formellen Sektor beschäftigt. Die Regierung bestrebt bis zum Jahr 2030 eine universelle Krankenversicherung einzuführen (GIZ, 2017).

28.000 Todesfälle werden im Jahr 2017 Jahr auf HIV (Humanes Immundefizienz-Virus) zurückgeführt, 4.300 Todesfällen davon im Alter von 0–14 Jahren (UNAIDS, 2018). Neben den einschneidenden gesundheitlichen Auswirkungen müssen die Betroffenen auch mit der HIV-assoziierten Diskriminierung und dem Stigma leben (Kessler-Bodiang, 2009).

Bei durch Malaria verursachten Todesfällen sind weltweit insbesondere Kinder betroffen (Löscher et al., 2010). Schwangere und Kinder haben ein besonders hohes Risiko, stärker von Malaria betroffen zu sein (Sultana et al., 2017). Im Jahr 2017 betrug im Gebiet Ostafrika sowie dem südlichen Afrika die Gesamtzahl vermuteter und bestätigter Malariafälle 58,9 Millionen, 20 Millionen waren davon unter fünf Jahre alt. Insgesamt führte Malaria zu 20.100 Todesfällen, davon waren 11.600 Personen unter fünf Jahre alt (WHO, 2018). In Kenia ist Malaria nach wie vor eine der Hauptursachen für Morbidität und Mortalität. Mehr als 70 % der Bevölkerung sind von der Krankheit bedroht, da sie in Risikogebieten leben (NMCP, 2016).

3.1.4 Ernährungssituation und Mangelernährung in Kenia

Eine aktuelle Dürreperiode am Horn von Afrika, die seit 2016 herrscht und von der auch Kenia betroffen ist, stellt eine Hungerkrise für die Länder wie Kenia dar. Die Preise für Grundnahrungsmittel sind gestiegen, es kommt zu hohen Ernteausfällen und auch das Vieh der Landwirte leidet und stirbt zum Teil (Deutsche Welthungerhilfe e. V., 2017; Agenzia Fides, 2019). Im Februar 2017 erklärte die Regierung von Kenia die Dürre bereits zur nationalen Katastrophe, die zur Ernährungsunsicherheit und akuten Unterernährung führt und forderte die internationale Gemeinschaft zur Hilfe auf (WFP, 2019). Bis Mai 2017 waren 2,6 Millionen Menschen von einer schweren Ernährungsunsicherheit betroffen. Zu dem Zeitpunkt lag die Prävalenz von globaler akuter Unterernährung in fünf Regionen über der Notstandsschwelle von 15 %, in drei Regionen sogar bei 30 % (ReliefWeb, 2019).

Zwischen März und Mitte Mai 2019 betrug die Niederschlagsmenge am Horn von Afrika weniger als 50 % des Jahresdurchschnitts und es wird auch für die zweite Hälfte der Regenzeit nicht mit einer ausreichenden Niederschlagsmenge gerechnet. Es wird erwartet, dass sich durch die Trockenheit die Anzahl der unterernährten Kinder erhöht, es insgesamt eine höhere Ernährungsunsicherheit geben wird und auch das Risiko für Infektionskrankheiten wie Cholera, Typhus, Durchfall, akute Atemwegsinfektionen und Masern steigt (OCHA, 2019). Die Situation hat sich derzeit leicht stabilisiert, jedoch wird aufgrund der Dürreprognosen erwartet, dass sie sich die Lage wieder verschlechtert (FAO, UNICEF and WFP, 2019). Vor allem in nördlichen Gebieten wie Marsabit und Turkana steigt die Anzahl der Kinder mit einem MUAC von <135 mm (KFSSG, 2019).

Der Food Balance Sheet (FBS) wird genutzt, um die Nahrungsmittelversorgung eines Landes zu einem Bezugszeitraum darzustellen. Werden die Nahrungsmengen, die im Land zur Ernährung des Menschen zur Verfügung stehen durch die Menschenanzahl der Bevölkerung dividiert, erhält man die durchschnittliche Pro-Kopf-Versorgung (FAO, 2017). Die Daten werden auch als Indikator für Hunger und Unterernährung genutzt (KNBS, 2019). Der Fokus der Darstellung ist hauptsächlich quantitativ, enthält insbesondere Daten zum Energie-, Fett- sowie Proteingehalt der Nahrung. Die Werte sind Durchschnittswerte und stellen nicht dar, wie die Nahrung in der Bevölkerung verteilt ist (KNBS, 2019). Tabelle 3.2 stellt die Versorgung mit Nahrungsenergie, Proteinen, Fetten und Kohlenhydraten dar. In den Jahren 2015 und 2018 wurden vergleichsweise mehr Proteine aufgenommen. Dies wird mit besseren Wetterkonditionen und damit verbunden besseren Erntebedingungen und einer verbesserten Milchproduktion begründet (KNBS, 2019). Dies verdeutlicht die direkten Auswirkungen der Wetterbedingungen mit der Nahrungsmittelproduktion.

Tabelle 3.2 Allgemeine Versorgung mit Kalorien, Proteinen, Fetten und Kohlenhydrate in Kenia von 2014–2018. Die Werte für die Kohlenhydrate wurden anhand der Gesamtkalorienzahl und der Proteinmenge (1 g $\triangleq$ 4 kcal) und Fettmenge (1 g $\triangleq$ 9 kcal) ermittelt (eigene Darstellung nach KNBS, (2019))

	2014	2015	2016	2017	2018
Kalorien (Kcal/Person/Tag)	2.206	2.300	2.105	2.130	2.235
Proteine (g/Person/Tag)	66	71	65	67	69
Fett (g/Person/Tag)	48	52	52	47	48
Kohlenhydrate (g/Person/Tag)	378	393	344	360	381

Zudem stammten in der Zeit von 2014 bis 2018 die meisten Kalorien aus pflanzlichen Lebensmitteln (86–88 %) und ein kleinerer Teil aus tierischen Produkten (12–14 %). Von den pflanzlichen Energieträgern stammen 49 % der Kalorien aus Getreide. Auch Hülsenfrüchte (14 %; Bohnen und Erbsen) und stärkehaltige Wurzeln (10 %; Kartoffeln, Süßkartoffeln, Kassava) sind von Relevanz. Weitere 27 % stammen aus anderen pflanzlichen Lebensmitteln. Mais stellt mit 56 % den wichtigsten Energielieferanten für Kenia dar. Nach dem Mais folgen die Getreidesorten Reis und Weizenmehl (KNBS, 2019).

Der Global Nutrition Report 2018 klassifiziert das Land Kenia als ein Land mit drei Formen der Mangelernährung: Stunting, Anämie und Übergewicht. Aber auch Wasting kommt hier vor. Im Jahr 2014 sind 4,2 % der Kinder unter fünf Jahren von Wasting betroffen (Abbildung 3.3). Mit 4,1 % ist die Prävalenz der übergewichtigen Kinder in dieser Altersgruppe fast genauso hoch (Abbildung 3.4). Von Stunting sind mit 26,2 % deutlich mehr Kinder betroffen (Abbildung 3.5). Hier fällt ein Ungleichgewicht der Prävalenz zwischen Jungen (29,9 %) und Mädchen (22,4 %) auf. Ein Teil der Kinder mit Stunting ist auch gleichzeitig übergewichtig oder untergewichtig (Abbildung 3.6). Es besteht ein deutlicher Zusammenhang zwischen dem Einkommen des Haushaltes und Wasting oder Stunting: Je niedriger das Einkommen, desto höher die Prävalenz von Stunting und Wasting. In ländlichen Regionen kommen Stunting und Wasting zudem öfter vor als in städtischen Regionen. Übergewicht bei Kindern unter fünf Jahren kommt häufiger in städtischen Gebieten vor. Kinder aus Familien mit geringerem Wohlstand sowie aus ländlichen Regionen werden insgesamt länger gestillt (Development Initiatives Poverty Research Ltd., 2018).

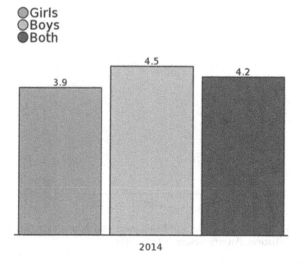

Abbildung 3.3 Wasting bei Kindern in Kenia unter fünf Jahren nach Geschlecht (in %) (Development Initiatives Poverty Research Ltd., 2018)

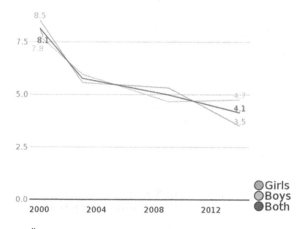

Abbildung 3.4 Übergewicht bei Kindern unter fünf Jahren in Kenia nach Geschlecht (in %) (Development Initiatives Poverty Research Ltd., 2018)

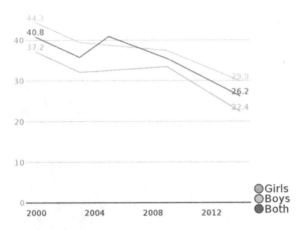

Abbildung 3.5 Stunting bei Kindern in Kenia unter fünf Jahren nach Geschlecht (in %) (Development Initiatives Poverty Research Ltd., 2018)

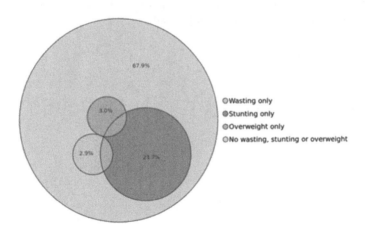

Abbildung 3.6 Coexistenz von Wasting, Stunting und/oder Übergewicht bei Kinder in Kenia unter fünf Jahre (in %) (Development Initiatives Poverty Research Ltd., 2018)

Tabelle 3.3 stellt Daten zu Unter- und Übergewicht sowie Adipositas in Kenia des Zeitraums 1999–2015 dar. Auffallend ist, dass die Prävalenz von Untergewicht bei den Kindern ab fünf Jahren insgesamt rückläufig und die Werte zu

Übergewicht und Adipositas bei ihnen sowie auch bei Erwachsenen steigend sind (Development Initiatives Poverty Research Ltd., 2018).

Tabelle 3.3 Daten zu Unter-, Übergewicht und Adipositas in Kenia.

	Untergewicht (1999/2015; in %)	Übergewicht (1999/2015; in %)	Adipositas (1999/2015; in %)
Jungen (5–19 Jahre)	38,6/31,6 ↓	2,1/6,2 ↑	0,2/1,2 ↑
Mädchen (5–19 Jahre)	23,9/18,4 ↓	7,1/16,2 ↑	0,7/3,2 ↑
Männer	Keine Daten	10,9/16,1 ↑	1,1/2,8 ↑
Frauen	Keine Daten	22,2/34,3 ↑	4/11,1 ↑

↑ = Werte sind gestiegen, ↓ = Werte sind gesunken (eigene Darstellung nach (Development Initiatives Poverty Research Ltd., 2018)

Die Anämie der Frauen im reproduktionsfähigen Alter beträgt im Jahr 2015 27,2 % und kommt dabei häufiger bei schwangeren Frauen (38,2 %) als bei nicht schwangeren Frauen (26,2 %) vor. Die Prävalenz ist im Vergleich zu 1999 deutlich geringer. Zum Vergleich: 1999 haben 45,4 % der Frauen eine Anämie, 54,9 % der schwangeren Frauen und 44,4 % der nicht schwangeren Frauen haben eine Anämie (Development Initiatives Poverty Research Ltd., 2018).

Als Gründe für die Unterernährung von Kindern in Kenia wurde in einem Artikel von Hoffman et al. (2017) die geringe Alphabetisierung, ein geringer Bildungsstand, fehlender Stromverbrauch, in ländlichen Gebieten das Fehlen einer Toilette und allgemein ein niedrigerer Wohlstandsindex erklärt. Daraus wurde abgeleitet, dass die Verbesserung der Bildung von Müttern ein wesentlicher Faktor für die Verbesserung des Ernährungszustands darstellt. Zudem sollte berücksichtigt werden, dass die Anstrengungen zur Beseitigung der Mangelernährung nicht in das Gegenteil führen sollte, dem Übergewicht (Hoffman et al., 2017).

Insgesamt zeigt sich eine Verbesserung der Unterernährung in Kenia. Dies wird unter anderen durch das Wirtschaftswachstum und die Einbeziehung der Ernährungssicherheit in die Hauptprioritäten der Regierung begründet. Der steigende Wohlstand erreicht jedoch nur einen Teil der Kenianer und die Unterernährung ist weiterhin eine große Problematik (WFP, 2019b).

3.1.5 Projekt Lebensblume e. V. und die Diani Montessori Academy in Diani / Ukunda, Kenia

Der gemeinnützige Verein Projekt Lebensblume e. V. wurde im Jahr 2007 in Gelsenkirchen von der deutschen Zahnärztin Christina Missong gegründet, um das Diani Bildungs- und Sozialzentrum in Diani / Ukunda in Kenia zu unterstützen. Die Projektgründerin lebt sowohl in Deutschland als auch in Kenia und hat die Diani Montessori Academy gegründet. Neben der Schule besteht das Projekt zudem aus weiteren Teilprojekten wie beispielsweise dem Diani Social Project zur Familienförderung.

Im Rahmen des Social Projects werden den Eltern von Schulkindern sowie Mitarbeitern Darlehen für eine Existenzgründung gewährt, um ein selbstständiges Leben ihrer Familien zu unterstützen. Den angestellten Lehrern werden im Rahmen des Social Projekts Fortbildungsmöglichkeiten angeboten. Waisenkinder werden unterstützt, in dem für sie eine Familie gefunden wird, in der sie aufgenommen werden. Diese Familien werden wiederum unterstützt, zum Beispiel in Form von Lebensmittelspenden.

Das Bildungs- und Sozialzentrum strebt eine ganzheitliche Bildung, eine Erziehung zur Selbstverantwortung sowie die Einbeziehung der Familien an. Die Schule arbeitet nach dem Konzept des pädagogischen Bildungskonzepts der Montessoripädagogik von Maria Montessori.

Das Hauptprojekt, die Schule, besteht aus drei Kindergartengruppen sowie den Schulklassen 1–8. Zurzeit besuchen 43 Kinder die Kindergartengruppen und 147 Kinder die Schulklassen.

Ein Großteil der Kinder wird durch deutsche Patenschaften finanziell unterstützt. Im Rahmen dieser Patenschaften spenden die Paten 25 Euro pro Monat und sichern dem Patenkind damit den Zugang zur Schule, Schulkleidung und das Mittagessen in der Schule. Spenden sind für die Schule insgesamt unentbehrlich und unterstützen dabei in verschiedenen Bereichen, die Schule weiterzuentwickeln. So konnte durch Spenden eine Judo- und Sporthalle, eine Bücherei sowie eine Küche errichtet werden oder auch ein wöchentliches Hühnerei für jedes Kind im Speiseplan integriert werden (Projekt Lebensblume e. V., 2019).

3.2 Eigene Erhebungen

3.2.1 Ergebnisse der anthropometrischen und klinischen Bestandserhebung

In den Abbildungen 3.7 bis 3.15 werden die erhobenen anthropometrischen Daten der Kinder in die WHO Child Growth Reference-Kurven eingeordnet. Zugunsten der Übersichtlichkeit sind nur die Werte der auffälligen Kinder beschriftet. Auf diese Weise kann zudem überprüft werden, ob auffällige Kinder mehrfach auffallen. Auffällig ist hier definiert als eine Entfernung von >-2 SD oder $>+2$ SD vom Median. Die erhobenen Rohdaten sind im Anhang aufgeführt (Anhang III). Bilder von der Bestandsaufnahme sowie von Auffälligkeiten an Kindern sind ebenfalls dem Anhang zu entnehmen (Anhang VI).

3.2.1.1 Charakteristika der Studienpopulation
Von den circa 190 Schul- und Vorschulkindern wurde die Bestanderhebung anhand von 174 Kindern durchgeführt. Die fehlenden circa 16 Kinder waren am jeweiligen Tag nicht in der Schule, die Gründe für das Fehlen sind nicht bekannt. Die Verteilung des Geschlechts ist recht gleichmäßig: 90 Kinder sind Jungen und 84 Kinder sind Mädchen. Tabelle 3.4 zeigt die Verteilung der Kinder auf die Klassen und den Kindergarten sowie auch die Geschlechterverteilung.

Tabelle 3.4 Anzahl der Kinder pro Klasse / Kindergarten sowie die Geschlechterverteilung (eigene Darstellung)

Gruppe / Klasse	Anzahl Kinder gesamt	Anzahl Kinder männlich	Anzahl Kinder weiblich
Kindergarten	33	23	10
Klasse 1	22	15	7
Klasse 2	20	7	13
Klasse 3	16	6	10
Klasse 4	17	9	8
Klasse 5	18	6	12
Klasse 6	17	7	10
Klasse 7	15	8	7
Klasse 8	19	10	9

Das jüngste Mädchen ist 2,6 Jahre alt und der jüngste Junge 1,7. 16,3 Jahre ist der älteste Junge und 16,8 Jahre das älteste Mädchen dieser Erhebung. Das Alter der Kindergartenkinder erstreckt sich von 1,7 bis 5,8 Jahre und bei den Schulkindern von 5 bis 16,8 Jahre. Generell kann von dem Alter der Kinder nicht unbedingt abgeleitet werden, welche Schulklasse sie besuchen. So sind beispielsweise 7-jährige Kinder sowohl in der Klasse 1 als auch in der Klasse 5 zu finden. Die Kinder wurden bei der Aufnahme in der Schule entsprechend ihrer Entwicklung der passenden Schulklasse zugeordnet.

3.2.1.2 Körperlänge bzw. -größe zu Alter

Abbildung 3.7 und 3.8 zeigen die Körperlänge bzw. -größe der Jungen und Mädchen bis zum fünften Lebensjahr. Hier ist zu sehen, dass von 21 Jungen 18 ein normales Längenwachstum aufweisen. Ein Junge (VYPG) befindet sich >+2 SD vom Median und ist somit größer als die Norm. Zwei Jungen liegen >−2 SD vom Median entfernt und sind laut Definition vom Stunting betroffen. Von den zehn Mädchen befinden sich neun in der Norm und ein Mädchen (JLPG) liegt >+2 SD vom Median und ist somit größer als normal entwickelte Kinder.

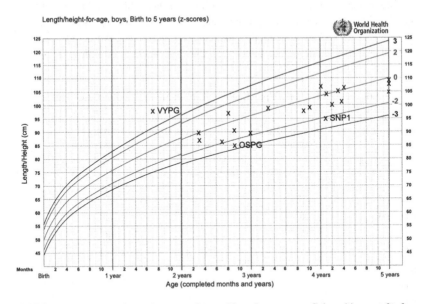

Abbildung 3.7 Körperlänge bzw. -größe zu Alter, Jungen von Geburt bis zum fünften Lebensjahr. Einordnung der erhobenen Daten zu den WHO Growth Reference (eigene Darstellung, Referenzwerte aus WHO (2016b)). Grün = Median; rot = 2 SD vom Median; schwarz = 3 SD vom Median

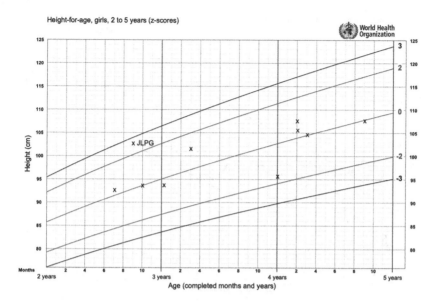

Abbildung 3.8 Körpergröße zu Alter, Mädchen vom zweiten bis zum fünften Lebensjahr. Einordnung der erhobenen Daten zu den WHO Growth Reference (eigene Darstellung, Referenzwerte aus WHO (2016b)). Grün = Median; rot = 2 SD vom Median; schwarz = 3 SD vom Median

Im Anhang V wird visuell und graphisch gezeigt, welches Längenwachstum die Kinder bis zum fünften Lebensjahr aufweisen, vergleichen mit der WHO Growth Reference. Hier wird deutlich, dass bei den Kindern bis zum fünften Lebensjahr die Jungen im Vergleich zu den WHO-Referenzwerten insgesamt ein kürzeres Längenwachstum aufweisen.

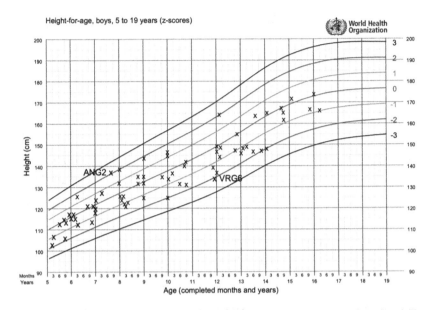

Abbildung 3.9 Körpergröße zu Alter, Jungen vom fünften bis zum 19. Lebensjahr. Einordnung der erhobenen Daten zu den WHO Growth Reference (eigene Darstellung, Referenzwerte aus WHO (2016b)). Grün = Median; gelb = 1 SD vom Median; rot = 2 SD vom Median; schwarz = 3 SD vom Median

Die Abbildungen 3.9 und 3.10 zeigen das Verhältnis von Körpergröße zum Alter von Jungen und Mädchen zwischen dem fünften und 19. Lebensjahr. Von 69 Jungen befinden sich 67 im Normalbereich. Ein Junge (VRG6) befindet sich >−2 SD vom Median und wird somit dem Stunting zugeordnet. Ein Junge (ANG2) befindet sich >+2 SD vom Median und weist somit ein höheres Längenwachstum auf, als die WHO Referenzpopulation. Von den 72 Mädchen befinden sich 62 in der Norm. Ein Mädchen (AAG3) befinden sich >+2 SD und ein weiteres Mädchen (PAG2) >+3 SD vom Median und haben ebenfalls ein höheres Längenwachstum. Unter den 72 Mädchen werden acht Mädchen (ALG2, NAG1, PHG6, ERG5, DIG7, MAG6, NYG5, BAG8) dem Stunting zugeordnet, da sie sich >−2 SD vom Median befinden.

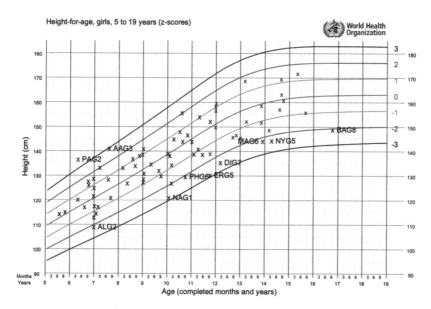

Abbildung 3.10 Körpergröße zu Alter, Mädchen vom fünften bis zum 19. Lebensjahr. Einordnung der erhobenen Daten zu den WHO Growth Reference (eigene Darstellung, Referenzwerte aus WHO (2016b)). Grün = Median; gelb = 1 SD vom Median, rot = 2 SD vom Median; schwarz = 3 SD vom Median

Zusammengefasst sind 11 Kinder (=6,3 %) von Stunting (>−2 SD vom Median) betroffen, zwei davon sind jünger als fünf Jahre alt und männlich. Kein Kind wird dem schweren Stunting (>−3 SD) zugeordnet. Fünf Kinder haben ein Längenwachstum, das vergleichsweise hoch ist (drei Kinder >+2 und zwei Kinder >+3 SD vom Median).

3.2.1.3 Gewicht zu Körperlänge/ -größe bzw. BMI

Die Abbildungen 3.11, 3.12 und 3.13 zeigen die erhobenen anthropometrischen Daten des Körpergewichtes zur Körperlänge bzw. -größe der bis zu fünf Jahre alten Jungen und Mädchen. Für die Mädchen wurde die Graphik für die Altersspanne Geburt bis zum zweiten Lebensjahr ausgelassen, da die Studienpopulation kein Mädchen in diesem Alter enthält.

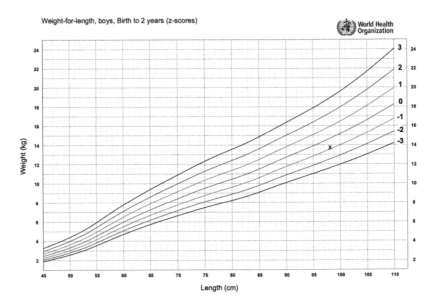

Abbildung 3.11 Körpergewicht zu Körperlänge, Jungen von Geburt bis zum zweiten Lebensjahr. Einordnung der erhobenen Daten zu den WHO Growth Reference (eigene Darstellung, Referenzwerte aus WHO (2016b)). Grün = Median; gelb = 1 SD vom Median, rot = 2 SD vom Median; schwarz = 3 SD vom Median

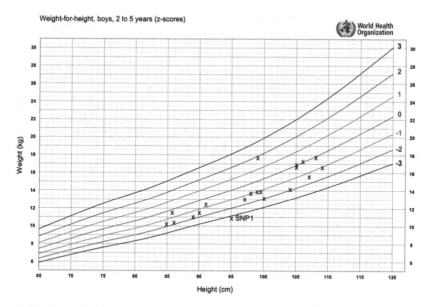

Abbildung 3.12 Körpergewicht zu Körpergröße, Jungen vom zweiten bis zum fünften Lebensjahr. Einordnung der erhobenen Daten zu den WHO Growth Reference (eigene Darstellung, Referenzwerte aus WHO (2016b)). Grün = Median; gelb = 1 SD vom Median, rot = 2 SD vom Median; schwarz = 3 SD vom Median

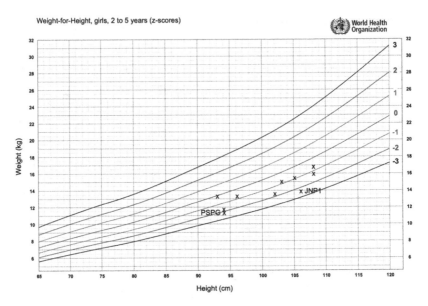

Weight-for-Height, girls, 2 to 5 years (z-scores)

Abbildung 3.13 Körpergewicht zu Körpergröße, Mädchen vom zweiten bis zum fünften Lebensjahr. Einordnung der erhobenen Daten zu den WHO Growth Reference (eigene Darstellung, Referenzwerte aus WHO (2016b)). Grün = Median; gelb = 1 SD vom Median, rot = 2 SD vom Median; schwarz = 3 SD vom Median

Von 19 Jungen bis zum fünften Lebensjahr wird ein Junge (SNP1) mit >−3 SD vom Median dem schweren Wasting zugeordnet. Alle anderen 18 Jungen sind im Vergleich zur Referenzgruppe normal. Von den zehn Mädchen sind acht normal und zwei (PSG6, JNP1) werden mit >−2 SD dem Wasting zugeordnet. Übergewicht (>+2 SD) und Adipositas (>+3 SD) liegt bei keinem dieser Kinder vor.

Im Anhang VI wird zudem visuell und graphisch dargestellt, welches Körpergewicht im Verhältnis zur Körperlänge bzw. -größe die Kinder bis zum fünften Lebensjahr im Vergleich zur WHO Growth Reference aufweisen. Hier ist zu erkennen, dass sie im Vergleich zu den WHO-Referenzwerten ein geringeres Körpergewicht im Verhältnis zur Körperlänge bzw. -größe aufweisen. Der Unterschied zwischen den Mädchen und Jungen ist hier deutlich weniger groß als beim Verhältnis von der Körperlänge/-größe zum Alter.

Bei den Kindern ab dem fünften Lebensjahr werden die Daten anhand des BMI in Bezug zum Alter ausgewertet (Abbildungen 3.14 und 3.15).

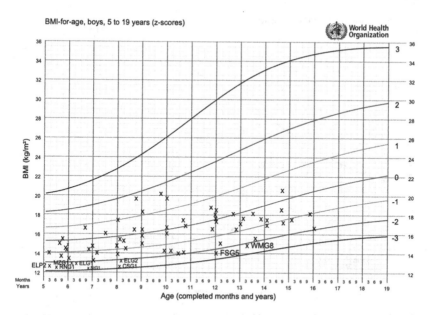

Abbildung 3.14 BMI zu Alter, Jungen vom fünften bis zum 19. Lebensjahr. Einordnung der erhobenen Daten zu den WHO Growth Reference (eigene Darstellung, Referenzwerte aus WHO (2016b))

Von 69 Jungen liegt bei 60 einen normaler BMI und bei neun Jungen ein Wasting vor (>−2 SD vom Median). Von 72 Mädchen sind 64 Mädchen bezogen zur Körpergröße normalgewichtig. Ein Mädchen (GEG5) hat Übergewicht (>+2 SD) und sieben Mädchen befinden sich >−2 SD vom Median und weisen daher ein Wasting auf.

Zusammengefasst wurde bei 19 Kinder Wasting festgestellt, drei davon sind unter fünf Jahre alt. Ein Kind unter fünf Jahren ist zudem von schwerem Wasting betroffen. Von Übergewicht ist insgesamt ein neunjähriges Kind betroffen.

Insgesamt gibt es 29 Kinder, die eine Auffälligkeit von >−2 oder >−3 SD vom Median aufweisen (Stunting oder Wasting). Vier davon sind unter fünf Jahre alt. Besonders auffällig ist der Junge SNP1, da er Stunting, schweres Wasting und ein MUAC von 125 mm aufweist. Je nach Definition kann bei ihm auch ein Marasmus vorliegen (vgl. Abschnitt 3.1.1.1 und 3.2.1.4).

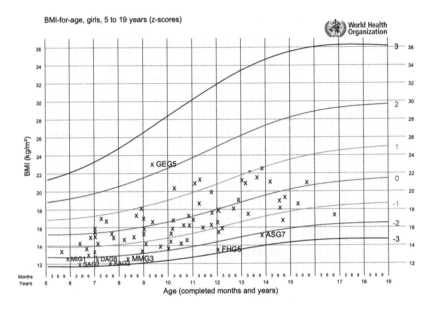

Abbildung 3.15 BMI zu Alter, Mädchen vom fünften bis zum 19. Lebensjahr. Einordnung der erhobenen Daten zu den WHO Growth Reference (eigene Darstellung, Referenzwerte aus WHO (2016b))

Vergleich der Stunting- und Wasting-Prävalenz der Kinder bis fünf Jahre an der Diani Montessory Academy und der Kinder in Kenia im Jahr (vgl. Abschnitt 3.1.4):

- Wasting: 9,7 % Diania Montessory Academy, 4,2 % Kenia
- Stunting: 6,5 % Diani Montessory Academy, 26 % Kenia

Vierfeldertafeln und Odds Ratio für Wasting und Stunting – ein Vergleich der Prävalenz nach Geschlecht:
Siehe Tabelle 3.5

Tabelle 3.5 Vierfeldertafel für Wasting und schweres Wasting für alle Altersklassen (eigene Darstellung)

	♂	♀	gesamt
Wasting (>−2 SD vom Median) **und schweres Wasting** (>−3 SD vom Median)	10 (a)	9 (b)	19 (a+b)
Normales Gewicht (max. −2 SD vom Median)	80 (c)	75 (d)	155 (c+d)
gesamt	90 (a+c)	84 (b+d)	174 (a+b+c+d)

OR für Wasting (Jungen / Mädchen):

$$OR = \frac{\left(\frac{a}{b}\right)}{\left(\frac{c}{d}\right)} = \frac{(a \cdot d)}{(b \cdot c)} = \frac{\left(\frac{10}{9}\right)}{\left(\frac{80}{75}\right)} = \frac{(10 \cdot 75)}{(9 \cdot 80)} = 1,041$$

Die OR ist mit 1,04 größer 1 ist und könnte bedeuten, dass die Wahrscheinlichkeit für Wasting für Jungen etwas größer ist. Eine OR von 2 würde einen kleinen, 3 einen mittleren und 7 einen starken Unterschied bedeuten (Döring and Bortz, 2016).

Das Ergebnis ist jedoch nicht signifikant (chi-square = 0,007; p = 0,933 (p > 0,05), so dass hier nur eine Tendenz festgestellt werden könnte (Tabelle 3.6).

Tabelle 3.6 Vierfeldertafel für Stunting und schweres Stunting für alle Altersklassen (eigene Darstellung)

	♂	♀	gesamt
Stunting (>−2 SD vom Median) und **schweres Stunting** (>−3 SD vom Median)	3	8	11
Normales Längenwachstum (max. −2 SD vom Median)	87	76	163
gesamt	90	84	174

OR für Stunting (Jungen / Mädchen):

$$OR = \frac{\left(\frac{3}{8}\right)}{\left(\frac{87}{76}\right)} = \frac{(3 \cdot 76)}{(8 \cdot 87)} = 0,328$$

Die OR ist mit 0,328 kleiner 1. Dies deutet darauf, dass die Wahrscheinlichkeit für Stunting für Jungen deutlich geringer als für Mädchen. Auch hier ist der Wert und somit auch der Unterschied nicht signifikant (chi-square = 2,8; p = 0,094 (p > 0,05) und es liegt nur eine Tendenz vor.

Im Abschnitt 3.1.1.1 wird erwähnt, dass bei Kindern bis zum fünften Lebensjahr in Afrika unterhalb der Sahara die Jungen häufiger von Stunting betroffen sind als Mädchen. Aus diesem Grunde soll an dieser Stelle nun auch die OR für Stunting und Wasting für die Kindern unter fünf Jahren ermittelt werden (Tabelle 3.7):

Tabelle 3.7 Vierfeldertafel für Wasting und schweres Wasting für Kinder bis zum fünften Lebensjahr (eigene Darstellung)

	♂	♀	gesamt
Wasting (>−2 SD vom Median) **und schweres Wasting** (>−3 SD vom Median)	1	2	3
Normales Gewicht (max. −2 SD vom Median)	20	8	28
gesamt	21	10	31

OR für Wasting (Jungen/Mädchen) bis fünf Jahre:

$$OR = \frac{\left(\frac{1}{2}\right)}{\left(\frac{20}{8}\right)} = \frac{(1 \cdot 8)}{(2 \cdot 20)} = 0,2$$

Die OR ist kleiner 1 und deutet auf eine niedrigere Wahrscheinlichkeit für Wasting für Jungen unter fünf Jahren als für Mädchen. Dieser Unterschied ist ebenfalls nicht signifikant (chi-square = 1,8; p = 0,18 (p > 0,05) (Tabelle 3.8).

Tabelle 3.8 Vierfeldertafel für Stunting und schweres Stunting bis Kinder zum fünften Lebensjahr (eigene Darstellung)

	♂	♀	gesamt
Stunting (>−2 SD vom Median) und **schweres Stunting** (>−3 SD vom Median)	2	0	2
Normales Längenwachstum (max. −2 SD vom Median)	19	10	29
gesamt	21	10	31

OR für Stunting (Jungen/Mädchen) bis fünf Jahre:

$$OR = \frac{\left(\frac{2}{0}\right)}{\left(\frac{19}{10}\right)} = \frac{(2 \cdot 10)}{(0 \cdot 19)} = Error$$

Da eine Division mit Null mathematisch nicht möglich ist, kann an dieser Stelle keine OR ermittelt werden. Die Vierfeldertafel veranschaulicht jedoch die Verteilung: Zwei Jungen von 21 und kein Mädchen von 10 Mädchen sind von Stunting betroffen. Da die Grundgesamtheit aller Kinder und auch die der Jungen im Vergleich zu den Mädchen deutlich höher ist, ist hier eine Bewertung kaum möglich. In absoluten Zahlen gesehen kann hier die Tendenz beobachtet werden, dass es mehr Jungen als Mädchen gibt, die bis zum fünften Lebensjahr von Stunting betroffen sind.

3.2.1.4 Oberarmumfang

Von den 174 Kindern haben 172 Kinder einen MUAC von 136 mm oder größer und befinden sich damit im normalen Bereich. Bei zwei Kindern wurde ein auffälliger MUAC gemessen. Der Junge IMPG aus dem Kindergarten im Alter von 2,7 Jahren weist einen MUAC von 130 mm auf und befinden sich damit im gelben Bereich. Dies bedeutet, dass bei ihm die Gefahr besteht, dass es zu einer Mangelernährung kommt. Der 4,1 Jahre alte Junge SNP1 aus dem Kindergarten hat einen MUAC von 125 mm und liegt damit zwischen dem gelben und dem orangenen Bereich, also zwischen den Kategorien einer mäßigen Mangelernährung und der Gefahr, dass es zu einer Mangelernährung kommt. Es gibt einen weiteren dreijährigen Jungen (BNPG), der mit einem MUAC von 135 mm zwischen dem grünen und dem gelben Bereich liegt. Bei diesen beiden Werten, die jeweils zwischen zwei Kategorien liegen, wird jeweils die bessere Kategorie in Richtung „normal" festgelegt.

3.2.1.5 Klinische Bestandserhebung

Bei keinem der 174 Kinder konnte mit Hilfe des Fingertests Ödeme in den Füßen festgestellt werden. Einige Kinder hatten ein hervorstehendes Abdomen (Anhang VI), hatten ansonsten jedoch keine weiteren Auffälligkeiten wie beispielsweise einen reduzierten MUAC-Wert, sodass ein Aszites hier ausgeschlossen wurde. Auffälliges Haar wie beispielsweise eine Depigmentierung konnte ebenso nicht beobachtet werden.

Bei der Inspektion des Mundraums fiel bei zwei Kindern eine Auffälligkeit der Zunge auf. Für die Deutung der Symptome nahm die Forschende mit Hilfe einer Fotodokumentation Rücksprache über einen E-Mail-Kontakt mit Prof. Dr. med. Joachim Gardemann, Fachhochschule Münster. Seine Einschätzung beinhaltete, dass die Zunge gut durchblutet sei, keine Anzeichen für eine Anämie vorliege und es sich nicht um eine Lackzunge handele. Er folgerte, dass es sich wahrscheinlich um eine Faltenzunge (lingua plicata) handele, die keine Krankheitsbedeutung habe. Selten sei dies Symptom eines Vitamin B-Mangels. Die zweite Zunge gehörte einem Jungen und wurde von Gardemann ebenfalls als nicht krankheitsbedingte Auffälligkeit bewertet (Gardemann, 2019). Da beide Kinder ansonsten unauffällig waren, wurden die auffallenden Zungen als bedenkenlos bewertet. Weiterhin wurde die Mundschleimhaut aller Kinder von den Forschenden als unauffällig bewertet.

Die Haut wurde, soweit sie bei getragener Kleidung bewertet werden konnte, nur bei einem fünfjährigen Jungen als auffällig bewertet. Bei ihm wurden viele Pusteln vor allem im Gesicht und auf dem Kopf beobachtet. Wenige davor waren eitrig. Zudem hatte er einen ausgeprägten Nabelbruch, der mit einem provisorischen Stoffgürtel als eine Art Bandage versorgt wurde, um den Darmaustritt zu vermeiden (Anhang VI). Hinsichtlich des Längenwachstums und des Körpergewichts war er unauffällig. Ein weiterer vierjähriger Junge hatte eine fühlbar erhöhte Körpertemperatur sowie einen Nabelbruch, war weiterhin aber unauffällig.

Bei der Inspektion des Mundraumes wurde bei 50 Kindern sichtbarer Karies beobachtet (Anhang VI). Das Ausmaß war hier sehr unterschiedlich, teilweise waren sowohl die Schneide- als auch die Backenzähne stark betroffen. Er war sowohl bei Jungen als auch bei Mädchen und in allen Altersgruppen zu beobachten. Auffällig waren zudem Nabelhernien, die bei zwölf Kindern beobachtet wurden. Das Ausmaß war auch hier unterschiedlich und wurde nicht weiter klassifiziert.

3.2.2 Ergebnisse der Ernährungserhebungen

In diesem Kapitel werden die Ergebnisse der Speisenzubereitung und der Speisenausgabe dargestellt. Zudem werden die Nährwerte der ausgegebenen Speisen mit den empfohlenen Referenzwerten, die in Abschnitt 3.2 aufgeführt sind, gegenübergestellt.

Zuletzt werden die Nährwerte der verwendeten Nahrungsmittel sowie auch der zubereiteten Speisen dargestellt.

Speisenzubereitung und -ausgabe
Die beiden Köchinnen bereiteten täglich Speisen für circa 250 Personen zu. Dies inkludiert etwa 190 Kinder und 60 Erwachsene. Morgens erhielten die Kinder einen Becher mit Getreidebei, der Porridge genannt wird. Hierfür wurde ein „Porridge Mix" verwendet, der aus Hirse-, Weizen- und Maisgries besteht. Für die Zubereitung wurden 5 kg des Getreidegemischs mit 1,5 kg Haushaltszucker und 25 Liter kochendem Wasser verrührt. Etwa 90 Minuten später wurde der leicht dickflüssige Porridge lauwarm an die Kinder ausgegeben. Der Verpackung des „Porridge Mix" waren keine Nährwertangaben oder Mengenangaben der drei Getreidearten zu entnehmen (Anhang VII). Aus diesem Grunde wurde für die Nährwertkalkulation eine Annahme für die Zusammensetzung getroffen: 5 kg „Porridge Mix" entsprechen 2,5 kg Hirse, 1,5 kg Weizen- und 1 kg Maisgries. Das Mengenverhältnis wurde auf Grund der aufgedruckten Reihenfolge von der Forschenden geschätzt.

Am Montag (04.03.2019) gab es ein Reis-Kartoffel-Gericht mit einem gekochten Hühnerei pro Person. Für dieses Gericht wurde 0,5 l Pflanzenöl in einem Topf erhitzt und 800 g gehackte Zwiebeln werden hinzugegeben. Kurz später wurden 10 kg Reis und 15 kg geschälte und in Stücke geschnittene Kartoffeln sowie insgesamt 50 l Wasser hinzugegeben. Hinzu kamen noch 130 g Speisesalz, 400 g Tomatenmark, 1 kg frische gehackte Blätter Moringa Oleifera. Die Hühnereier wurden hart gekocht. Diese wurden vor einem Jahr in dem Speiseplan aufgenommen und aufgrund der hohen biologischen Wertigkeit wird es seitdem zusammen mit Kartoffeln ausgegeben.

Am Dienstag (05.03.2019) wurden Ugali und Kidneybohnen in einer Art Tomatensoße als Mittagsmahlzeit zubereitet. Ugali ist ein Getreidebrei aus Maismehl, der mit kochendem Wasser zu einem recht festen Brei gekocht wird. Hierfür wurden 30 kg Maismehl verwendet, das mit Folsäure, Vitamin A, B_1, B_2, B_3, B_6, B_{12}, Eisen und Zink angereichert war. In einem zweiten Kochtopf wurden die Bohnen ähnlich wie die Speisen am Montag zubereitet. Hier wurden 0,5 l

Pflanzenöl, 1,5 kg frische Tomaten, Wasser (insgesamt 60 L für die Bohnen- und Ugali-Zubereitung), 1 kg Blätter Moringa Oleifera und 130 g Salz hinzugegeben. Die Zubereitung der Mahlzeiten war an allen Wochentagen sehr ähnlich, da es insgesamt nur drei große Kochtöpfe gibt. Mittwoch (06.03.2019) gibt es gekochte weiße Maiskörner (10 kg), Kidneybohnen (11 kg) und Kartoffeln (13 kg). Weitere Zutaten sind 0,5 l Pflanzenöl, 130 g Salz, 1 kg Moringablätter, 40 l Wasser, 700 g Zwiebeln und 400 g Tomatenmark. Am Donnerstag (07.03.2019) gab es Reis mit Mungobohnen. Dieses Gericht besteht aus 20 kg Reis, 10 kg Mungobohnen, 50 l Wasser, 1 kg Moringa Oleifera, 130 g Salz, 600 g Zwiebeln. Am Freitag (07.03.2019) bestand die Mittagsmahlzeit aus Ugali und Muchacha, ein spinat-ähnliches grünes Blattgemüse. Für die Zubereitung wurden neben Muchacha auch Zwiebeln, Öl, Tomaten und Salz verwendet. An diesem Tag konnten die Speise-zubereitung sowie die Essensausgabe nicht beobachtet und dokumentiert werden und können folglich bei der Nährwertberechnung nicht berücksichtigt werden.

Das Speiseöl ist ein Gemisch aus verschiedenen Pflanzenölen. Da die Zusam-mensetzung unbekannt ist, wurde bei den Berechnungen der Nährstoffe jeweils von einem Gemisch aus Palm-, Maiskeim-, Weizenkeim- und Sonnenblumenöl ausgegangen. Das verwendete Speisesalz ist angereichert mit Jod und enthält laut Packungsangabe 4,5 mg Jod pro 100 g Salz.

Die beschriebenen Hauptmahlzeiten wiederholten sich insgesamt wöchentlich und variieren teilweise etwas. Die verwendeten Zutaten sind die Grundnahrungs-mittel der Schulverpflegung und Basis aller zubereiteten Speisen. Bilder der Speisen, der Speisenzubereitung sowie der Essensausgabe sind dem Anhang eben-falls zu entnehmen (Anhang VII). Tabelle 3.9 zeigt die Netto-Ergebnisse der Wiegeprotokolle.

Tabelle 3.9 Durchschnittliche Portionsgrößen (eigene Darstellung)

	Porridge (in g)	Reis und Kartoffeln / Hühnerei (in g)	Ugali und Bohnen (in g)	Mais, Bohnen und Kartoffeln (in g)	Reis und Mungoboh-nen (in g)
Kindergar-ten	142	310 / 55	384	243	298
Klasse 1–4	211	405 / 55	446	375	395
Klasse 5–8	210	444 / 55	550	500	422

Nährwertbestimmungen der ausgegebenen Speisen im Vergleich zu den Referenzwerten

An dieser Stelle wird nochmals darauf hingewiesen, dass die Nährstoffberechnungen der Speisen der Schulverpflegung, die ein Mittagessen und einen Porridge enthalten, mit Referenzwerten für den Tagesbedarf verglichen werden. Die außerschulischen Mahlzeiten der Kinder konnten bei den Berechnungen nicht berücksichtigt werden.

Die Nahrungsenergie bei den Schulmahlzeiten verteilt sich insgesamt wie folgt: 14,1 E% stammen aus Fetten, 71,1 E% aus Kohlenhydraten und 13 E% aus Proteinen. Die Kohlenhydrate stellen die Hauptenergielieferanten dar. Im Vergleich zu den Referenzwerten zeigt sich, dass die Energiezufuhr aus Fetten mehr als 10 % unterhalb der empfohlenen 25–35 E% liegen und die Energiemenge aus Kohlenhydraten im Referenzbereich liegt. Da sich die Proteinmenge bei den Referenzwerten nicht über E% definiert, ist hier ein Vergleich der E% weniger sinnvoll.

Im folgenden Teil wird beschrieben, inwiefern die Schulmahlzeiten den täglichen Nährstoffbedarf decken. Hierfür werden die Durchschnittswerte der vier beobachteten Tage verwendet. Tabelle 3.10 fasst dies für den empfohlenen Bedarf an Energie, Proteinen, Fett und Kohlenhydraten zusammen. Die Tabellen 3.11, 3.12 und 3.13 zeigen den Gehalt an Nährstoffe der Schulmahlzeiten sowie auch die Differenz zu den empfohlenen Referenzmengen. Hier muss stets beachtet werden, dass nur die Schulmahlzeiten den Zufuhrempfehlungen gegenübergestellt werden, die für einen ganzen Tag gelten. Da nicht bekannt ist, ob, welche und wieviel Nahrung die Kinder außerhalb der Schule verzehren, können hierfür keine Daten verwendet werden.

Energie- und Nährstoffzufuhr der Kindergartenkinder

Pro Tag erhalten die Kindergartenkinder durch den Porridge und das Mittagessen durchschnittlich 507 kcal. Dies entspricht etwas weniger als die Hälfte des Tagesbedarfs der Energie. Die Proteinaufnahme liegt zwischen 14,1 und 20,9 g pro Tag und beträgt im Durchschnitt 17 g. Hiermit ist die empfohlene Proteinmenge von 14 g erreicht und um 3 g überschritten. Der minimale Kohlenhydratbedarf wird bei den Mädchen zu 54 % und bei den Jungen zu 52 % gedeckt. Die von den Kindergartenkindern durchschnittlich aufgenommenen 8 g Fett pro Tag decken etwas weniger als ein Viertel des Mindesttagesbedarfs. Der empfohlenen Mengen an Vitamin B_1, Niacin, Folsäure, Vitamin B_{12}, Eisen, Zink, Fluorid und Jodid werden durch den Porridge und das Mittagessen durchschnittlich gedeckt. Der Bedarf von Vitamin A wird zu 83 %, von Vitamin C zu 25 % und von Calcium zu 13 % gedeckt (Tabelle 3.10).

Tabelle 3.10 Durchschnittliche Deckung der empfohlenen Referenzwerte durch den Porridge und die Mittagsspeise. Bei den Kohlenhydrat- und Fettreferenzmengen sind die unteren Grenzen verwendet worden (eigene Darstellung)

	Kindergartenkinder	Kinder der Klasse 1–4	Kinder der Klasse 5–8
Energiebedarf	50 %	40 %	30 %
Proteine	>100 %	83 %	50 %
Kohlenhydrate	55 %	53 %	36 % (Jungen) 42 % (Mädchen)
Fett	24 %	23 %	16 %
Vitamin A	83 %	82 %	80 %
Vitamin B_1	>100 %	>100 %	>100 %
Niacin	>100 %	76 %	68 %
Folsäure	>100 %	94 %	85 %
Vitamin B_{12}	>100 %	>100 %	>100 %
Vitamin C	25 %	30 %	32 %
Calcium	13 %	12 %	10 %
Eisen	>100 %	>100 %	>100 %; bei Mädchen nach der ersten Menstruation zu 47 %
Zink	>100 %	>100 %	95 % (Jungen); >100 % (Mädchen)
Fluorid	>100 %	>100 %	52 % Jungen 58 % Mädchen
Jodid	>100 %	>100 %	>100 %

Energie- und Nährstoffzufuhr der Kinder der Klassen 1–4
Durch den täglichen Porridge und das Mittagessen wird der Energiebedarf der Jungen zu 38 % und der Mädchen zu 43 % gedeckt. Von den empfohlenen 26 g Protein werden 21,5 g durch die Mahlzeiten eingenommen, das entspricht einer Bedarfsdeckung von 83 %. Bei Jungen werden 22 % und bei Mädchen 24 % des minimalen Fettbedarfs gedeckt. Der Mindestbedarf der Kohlenhydrate wird zu 52 % (Junge) und 54 % (Mädchen) gedeckt. Bei Vitamin B_1, Vitamin B_{12}, Eisen, Zink, Fluorid, und Jodid werden der Tagesbedarf durch die beiden Mahlzeiten gedeckt. Der Tagesbedarf von Vitamin A wird zu 82 %, von Niacin zu 76 %, von Folsäure zu 94 %, Vitamin C zu 30 % und Calcium zu 12 % gedeckt (Tabellen 3.10 und 3.12).

Tabelle 3.11 Nährstoffzusammensetzung der Speisen der Kindergartenkinder sowie der Vergleich mit den Referenzwerten (eigene Darstellung, erstellt mit Ebis pro)

	Menge	Energie	Protein	Fett	Kohlenhydrate	Vitamin A	Vitamin B1	Niacin	Folsäure	Vitamin B12	Vitamin C	Calcium	Eisen	Zink	Fluorid	Jodid
	g	kcal	g	g	g	µg	mg	mg	µg	µg	mg	mg	mg	mg	µg	µg
Kindergarten Montag																
Porridge	142	105	1,8	0,3	23,4	2	0	0,3	3	0	0	13,8	0,8	0,2	27,5	0,7
Reis mit Kartoffeln	310	402,8	6,7	15,1	58,7	261,3	0,3	4,3	23,6	0	11,6	36,3	2,8	1,7	61,2	202,4
Hühnerei gegart	55	75,2	6,5	5,1	0,8	145,2	0	0	32,5	0,8	0	26,4	1	0,8	60,5	5,2
Zwischenanalyse:		582,9	14,9	20,6	82,9	408,5	0,4	4,6	59,1	0,8	11,6	76,4	4,5	2,7	149,2	208,3
Kindergarten Dienstag																
Porridge	142	105	1,8	0,3	23,4	2	0	0,3	3	0	0	13,8	0,8	0,2	27,5	0,7
Ugali mit Bohnen	384	507,7	19,1	3,7	97,1	670,1	3,6	17,4	725,8	7,8	4,7	69,9	26	37,8	109,6	219,9
Zwischenanalyse:		612,7	20,9	4	120,5	672,1	3,6	17,7	728,8	7,8	4,7	83,7	26,8	38	137,1	220,7
Kindergarten Mittwoch																
Porridge	142	105	1,8	0,3	23,4	2	0	0,3	3	0	0	13,8	0,8	0,2	27,5	0,7
Mais Bohnen Kartoffel	243	247,9	12,4	3,1	41,2	141,6	0,4	1,8	71,2	0	11	61,7	3,4	1,8	44,1	188,6
Zwischenanalyse:		352,9	14,1	3,4	64,6	143,5	0,4	2,1	74,2	0	11	75,5	4,3	2	71,6	189,3
Kindergarten Donnerstag																
Porridge	142	105	1,8	0,3	23,4	2	0	0,3	3	0	0	13,8	0,8	0,2	27,5	0,7
Reis mit Mungobohnen	298	373,7	14,4	3,5	69,2	104	0,5	4,7	67	0	3,1	65,4	4,9	2,2	77,3	217
Zwischenanalyse:		478,7	16,2	3,9	92,6	106	0,5	5	70	0	3,1	79,2	5,7	2,4	104,8	217,7
Summe:		2027,3	66,1	31,8	360,6	1330,1	5	29,3	932	8,6	30,4	314,9	41,4	45,1	462,7	835,9
durchschnittlich pro Tag		507	17	8	90,2	332,5	1,3	7,3	233	2,2	7,6	78,7	10,3	11,3	115,7	209

		Energie	Protein	Fett	Kohlenhydrate	Vitamin A	Vitamin B1	Niacin	Folsäure	Vitamin B12	Vitamin C	Calcium	Eisen	Zink	Fluorid	Jodid
		kcal	g	g	g	µg	mg	mg	µg	µg	mg	mg	mg	mg	µg	µg
Empfohlene Aufnahme, Kindergarten, Alter 3,7 J. (Soll-Zustand)	Jungen	1250	14	35-49	min. 172	400	0,5	6	150	0,9	30	600	5,8	8,3	70	120
	Mädchen	1150		32-45	min. 158											
durchschnittliche Aufnahme (Ist-Zustand)	Jungen & Mädchen	507	17	8	90,2	332,5	1,3	7,3	233	2,2	7,6	78,7	10,3	11,3	115,7	209
Differenz	Jungen	-743	3	-27	-81,8	-67,5	+0,8	+1,3	+83	+1,3	-22	-521	+4,5	+3	+45,7	+89
	Mädchen	-643		-24	-67,8											

Tabelle 3.12 Nährstoffzusammensetzung der Speisen der Kinder der Klassen 1–4 sowie der Vergleich mit den Referenzwerten (eigene Darstellung, erstellt mit Ebis pro)

	Menge g	Energie kcal	Protein g	Fett g	Kohlenhydrate g	Vitamin A µg	Vitamin B1 mg	Niacin mg	Folsäure µg	Vitamin B12 µg	Vitamin C mg	Calcium mg	Eisen mg	Zink mg	Fluorid µg	Jodid µg
Klasse 1-4 Montag																
Porridge	211	156	2,6	0,5	34,7	2,9	0,1	0,4	4,5	0	0	20,5	1,2	0,3	40,9	1,1
Reis mit Kartoffeln	405	526,2	8,7	19,8	76,7	341,4	0,4	5,6	30,8	0	15,2	47,4	3,6	2,3	79,9	264,4
Hühnerei gegart	55	75,2	6,5	5,1	0,8	145,2	0	0	32,5	0,8	0	26,4	1	0,8	60,5	5,2
Zwischenanalyse:		757,4	17,8	25,4	112,3	489,5	0,5	6	67,7	0,8	15,2	94,3	5,8	3,3	181,3	270,6
Klasse 1-4 Dienstag																
Porridge	211	156	2,6	0,5	34,7	2,9	0,1	0,4	4,5	0	0	20,5	1,2	0,3	40,9	1,1
Ugali mit Bohnen	446	589,7	22,2	4,3	112,8	778,3	4,2	20,2	843	9	5,4	81,2	30,2	43,9	127,3	255,4
Zwischenanalyse:		745,7	24,8	4,8	147,5	781,2	4,2	20,6	847,4	9	5,4	101,7	31,4	44,2	168,2	256,5
Klasse 1-4 Mittwoch																
Porridge	211	156	2,6	0,5	34,7	2,9	0,1	0,4	4,5	0	0	20,5	1,2	0,3	40,9	1,1
Mais Bohnen Kartoffeln	375	382,5	19,1	4,7	63,6	218,4	0,6	2,8	109,8	0	17	95,2	5,3	2,8	68	291
Zwischenanalyse:		538,5	21,7	5,2	98,3	221,4	0,6	3,2	114,3	0	17	115,7	6,5	3,1	108,9	292,1
Klasse 1-4 Donnerstag																
Porridge	211	156	2,6	0,5	34,7	2,9	0,1	0,4	4,5	0	0	20,5	1,2	0,3	40,9	1,1
Reis mit Mungobohnen	395	495,4	19,1	4,7	91,7	137,8	0,6	6,2	88,8	0	4,1	86,7	6,5	2,9	102,5	287,6
Zwischenanalyse:		651,4	21,7	5,2	126,5	140,8	0,7	6,6	93,3	0	4,1	107,2	7,7	3,1	143,4	288,7
Summe:		2693	86,1	40,5	484,6	1632,9	6,1	36,5	1122,7	9,8	41,8	418,9	51,5	53,8	601,8	1107,9
durchschnittlich pro Tag		673,3	21,5	10,3	121,3	408,3	1,5	9,1	280,8	2,5	10,4	104,8	12,9	13,5	150,5	277

		Energie kcal	Protein g	Fett g	Kohlenhydrate g	Vitamin A µg	Vitamin B1 mg	Niacin mg	Folsäure µg	Vitamin B12 µg	Vitamin C mg	Calcium mg	Eisen mg	Zink mg	Fluorid µg	Jodid µg
Empfohlene Aufnahme Klasse 1-4; Alter 7,9 J. (Soll-Zustand)	Jungen	1700	26	47-66	min. 234	500	0,9	12	300	1,8	35	900	8,9	11,2	110	120
	Mädchen	1550		43-60	min. 213											
durchschnittliche Aufnahme (Ist-Zustand)		673	21,5	10,3	121	408,3	1,5	9,1	280,8	2,5	10,4	105	12,9	14	150,5	277
Differenz	Jungen	-1027	-4,5	-36,7	-113	-92	+0,6	-2,9	-19,2	+0,7	-24,6	-795	+4	+2,8	+40,5	+157
	Mädchen	-877		-32,7	-93											

Tabelle 3.13 Nährstoffzusammensetzung der Speisen der Kinder der Klassen 5–8 sowie der Vergleich mit den Referenzwerten (eigene Darstellung, erstellt mit Ebis pro)

Lebensmittel	Menge g	Energie kcal	Protein g	Fett g	Kohlenhydrate g	Vitamin A µg	Vitamin B1 mg	Niacin mg	Folsäure µg	Vitamin B12 µg	Vitamin C mg	Calcium mg	Eisen mg	Zink mg	Fluorid µg	Jodid µg
Klasse 5-8 Montag																
Pomdgie	210	155,3	2,6	0,5	34,6	2,9	0,1	0,4	4,4	0	0	20,4	1,2	0,3	40,7	1,1
Reis mit Kartoffeln	444	576,9	9,5	21,7	84,1	374,3	0,5	6,1	33,8	0	16,7	51,9	4	2,5	87,6	289,9
Hühnerei gegart	55	75,2	6,5	5,1	0,8	145,2	0	0	32,5	0,8	0	26,4	1	0,8	60,5	5,2
Zwischenanalyse:		807,3	18,7	27,3	119,5	522,4	0,6	6,5	70,7	0,8	16,7	98,7	6,1	3,6	188,8	296,1
Klasse 5-8 Dienstag																
Pomdgie	210	155,3	2,6	0,5	34,6	2,9	0,1	0,4	4,4	0	0	20,4	1,2	0,3	40,7	1,1
Ugali mit Bohnen	55	727,2	27,4	5,3	139,1	959,8	5,1	25	1039,5	11,1	6,7	100,1	37,3	54,1	157	315
Zwischenanalyse:		882,5	30	5,8	173,7	962,7	5,2	25,4	1044	11,1	6,7	120,5	38,5	54,4	197,7	316,1
Klasse 5-8 Mittwoch																
Pomdgie	210	155,3	2,6	0,5	34,6	2,9	0,1	0,4	4,4	0	0	20,4	1,2	0,3	40,7	1,1
Mais Bohnen Kartoffel	500	510	25,4	6,3	84,7	291,3	0,8	3,8	146,4	0	22,7	127	7,1	3,8	90,7	388
Zwischenanalyse:		665,3	28	6,8	119,3	294,2	0,8	4,2	150,9	0	22,7	147,4	8,3	4	131,4	389,1
Klasse 5-8 Donnerstag																
Pomdgie	210	155,3	2,6	0,5	34,6	2,9	0,1	0,4	4,4	0	0	20,4	1,2	0,3	40,7	1,1
Reis mit Mungobohnen	422	529,3	20,4	5	98	147,2	0,7	6,6	94,9	0	4,4	92,7	7	3,1	109,5	307,3
Zwischenanalyse:		684,5	23	5,5	132,6	150,2	0,7	7	99,3	0	4,4	113,1	8,2	3,3	150,2	308,3
Summe:		3039,6	99,7	45,3	545,1	1929,5	7,3	43,1	1364,9	11,9	50,5	479,7	61,1	65,4	668,1	1309,6
durchschnittlich pro Tag:		760	25	11,3	136,3	482,5	1,8	10,8	341,3	3	12,6	120	15,3	16,3	167	327,6

		Energie kcal	Protein g	Fett g	Kohlenhydrate g	Vitamin A µg	Vitamin B1 mg	Niacin mg	Folsäure µg	Vitamin B12 µg	Vitamin C mg	Calcium mg	Eisen mg	Zink mg	Fluorid µg	Jodid µg
Empfohlene Aufnahme, Klasse 5-8, Alter 3,7 J.; (Soll-Zustand)	Jungen	2770	50	77-108	min. 381	600	1,2	16	400	2,4	40	1200	14,6	17,2	320	140
	Mädchen	2375	49	65-92	min. 327		1,1						14 (vor 1. Menstruation) 32,7 (nach 1. Menstruation)	14,4	290	
durchschnittliche Aufnahme (Ist-Zustand)	Jungen & Mädchen	760	25	11,3	136,3	482,5	1,8	10,8	341,3	3	12,6	120	15,3	16,3	167	327,6
Differenz	Jungen	-2010	-25	-66	-245	-117	+0,6	-5,2	-58,7	+0,6	-27,4	-1080	+1,3 (vor 1. Mens.); -17,5 (nach 1. Mens.)	-0,8	-153	+187,6
	Mädchen	-1615	-24	-54	-191		+0,7							+1,9	-123	

Energie- und Nährstoffzufuhr der Kinder der Klassen 5–8
Die Jungen der Klassen 5–8 erhalten mit durchschnittlich 760 kcal pro Tag 27 %
und die Mädchen 32 % des Energiebedarfs. Mit 25 g Proteinen wird bei ihnen die
Hälfte der empfohlenen Menge gedeckt. Die aufgenommenen 11,3 g Fett decken
bei den Jungen 15 % und bei den Mädchen 17 % der empfohlenen Fettmenge.
Der Anteil der Kohlenhydrate beträgt 136,3 g und liefert bei den Jungen 36 %
und bei den Mädchen 42 % der empfohlenen Mindestmenge.

Der Gehalt an Vitamin B_1, Vitamin B_{12} und Jod sind im Porridge und im Mittagessen ausreichend enthalten, um den Tagesbedarf zu decken. Der Eisenbedarf
wird bei den Jungen sowie bei Mädchen gedeckt, die sich noch vor der ersten
Menstruationsblutung befinden. Für Mädchen, die bereits ihre erste Menstruationsblutung hatten, decken der Porridge und die Mittagsmahlzeit im Durchschnitt
47 % des Tagesbedarfs, da hier der Eisenbedarf deutlich höher ist. Die Zinkzufuhr
deckt bei den Mädchen den Tagesbedarf ab, bei Jungen wird er zu 95 % gedeckt.
Der Bedarf von Vitamin A wird zu 80 %, von Niacin zu 68 %, von Folsäure von
85 %, von Vitamin C zu 32 %, von Calcium zu 10 % und von Fluorid bei Jungen
zu 52 % und bei Mädchen zu 5 % gedeckt (Tabellen 3.10 und 3.11).

Nährwertanalyse der zubereiteten Speisen und der Grundnahrungsmittel
In den Tabellen 3.14 und 3.15 werden die durchschnittlichen Nährstoffzusammensetzungen der zubereiteten Speisen je 100 g sowie der einzelnen Grundnahrungsmittel übersichtlich dargestellt. Im Anhang werden die zubereiteten Mahlzeiten
und die Nährstoffzusammensetzungen der einzelnen Zutaten genauer dargestellt
(Anhang VIII).

Die folgenden Werte beziehen sich jeweils auf 100 g und bei dem Hühnerei
auf 55 g, dem Gewicht eines Eis. Die vier Mittagsmahlzeiten weisen eine Energiedichte von 102–132 kcal auf. Das Mais-Bohnen-Kartoffel-Gericht ist mit 102 kcal
das Gericht mit der geringsten Energiedichte und das Ugali-Bohnen-Gericht mit
132 kcal weist die höchste Energiedichte auf. Das Reis-Kartoffel-Gericht ist mit
2,1 g Protein das proteinärmste Mittagsgericht. Da es jedoch mit einem Hühnerei
ausgegeben wird, das jeweils 6,5 g Proteine enthält, relativiert sich hierdurch der
Proteingehalt bei dieser Speise. Die anderen drei Speisen enthalten mit 4,8–5,0 g
Protein jeweils vergleichbare hohe Proteinmengen.

Der Fettgehalt im Reis-Kartoffel-Gericht liegt 4,9 g. Auch hier muss wieder
das Fett aus dem zusätzlichen Hühnerei beachtet werden – ein Hühnerei enthält
5,1 g Fett. Die anderen drei Mittagsspeisen, das Ugali-Bohnen-Gericht, das Mais-
Bohnen-Kartoffel-Gericht sowie das Mungobohnen-Reis-Gericht, enthalten 1–1,3
g Fett je 100 g. Der Kohlenhydratanteil liegt bei den vier Gerichten bei 16,9–25,3
g.

Das Ugali-Bohnen-Gericht enthält mit 174,5 µg deutlich mehr Vitamin A als die anderen drei Gerichte mit 35–84 µg Vitamin. Dies ist auf das mit Vitamin A-angereicherte Ugali-Mehl zurückzuführen. Gewöhnlicher Maisgries enthält 44 µg und das verwendete angereicherte Ugali-Mehl 500 µg Vitamin A (Tabelle 3.14). Das Hühnerei ist mit 145,2 µg Vitamin ebenso eine Vitamin A-Quelle.

Beim Vitamin B_1 verhält es sich ähnlich. Das Ugali-Bohnen-Gericht enthält mit 0,9 mg am meisten Vitamin B_1. Die anderen Gerichte 0,1 oder 0,2 mg. Das Ugali-Mehl ist mit Vitamin B_1 angereichert und enthält deswegen 3 mg statt 0,1 mg Vitamin B_1.

Auch der Gehalt an Niacin, Folsäure, Vitamin B_{12}, Eisen und Zink ist aufgrund des angereicherten Ugali-Mehls im Ugali-Bohnen-Gericht deutlich höher als bei den anderen Mittagsspeisen. Neben dem Hühnerei liefert nur Ugali Vitamin B_{12}. Beim Reis-Kartoffel-Gericht, dem Mais-Bohnen-Kartoffel-Gericht sowie beim Mungobohnen-Reis-Gericht liegt der Niacingehalt bei 0,8–1,4 mg, der Folsäuregehalt bei 23–33 µg und der Eisen-Gehalt bei 0,9–1,6 mg.

Der Gehalt an Vitamin C, Calcium, Eisen, Zink und Fluorid bei allen Speisen vergleichbar. Das Ugali-Bohnen-Gericht sowie das Hühnerei stechen hier hervor. Das Hühnerei hat mit 60,5 µg den höchsten Fluorid-Gehalt. Die vier Mittagsspeisen enthalten 18–29 µg Fluorid. Der Jodgehalt ist durch das mit Jod angereicherte Speisesalz in allen Gerichten ähnlich hoch.

Bis auf beim Fluorid enthält der Porridge im Vergleich zu den Mittagsgerichten bei allen Mikronährstoffen den geringsten Gehalt. Mit 19,4 µg liefert er etwa so viel Fluorid wie das Reis-Kartoffel- oder das Mais-Bohnen-Kartoffel-Gericht. Der Energiegehalt ist mit 73 kcal auch deutlich geringer als bei den Mittagsspeisen.

Im Vergleich der Grundnahrungsmittel fällt auf, dass die beiden Hülsenfrüchte, die Kidney- und die Mungobohnen die Lebensmittel mit dem höchsten Proteingehalt darstellen. Neben den verwendeten Pflanzenölen ist das Hühnerei mit 9,3 g Fett pro 100 g ein nennenswerter Fettlieferant.

Die Moringa Oleifera-Blätter und das Palmöl liefern je 100 g mit Abstand den höchsten Vitamin A-Gehalt. Weiterhin sind das verwendete Ugali-Mehl, das Hühnerei, das Tomatenmark, der Mais sowie die frischen Tomaten auch Vitamin A-haltig.

Der Gehalt an Vitamin B_1, Niacin, Folsäure, Vitamin B_{12}, Eisen und Zink ist im Ugali-Mehl mit Abstand am höchsten enthalten. Die Kidneybohnen sind vergleichsweise reich an Folsäure und Calcium.

Moringablätter, die frischen Tomaten sowie die Kartoffeln weisen die höchsten Vitamin C-Mengen bezogen auf 100 g auf. Neben dem Ugali haben die Kidney- und die Mungobohnen den höchsten Gehalt an Eisen.

Die Blätter des Moringa Oleifera zeichnen sich neben dem vergleichsweise hohen Vitamin C-Gehalt (51,7 mg) und Vitamin A-Gehalt (2269 µg) auch durch einen hohen Calciumgehalt aus (185 mg).

Tabelle 3.14 Durchschnittlicher Nährstoffgehalt der Mahlzeiten pro 100 g bzw. pro Hühnerei (55 g) (eigene Darstellung, erstellt mit Ebis pro)

Lebensmittel	Menge	Energie	Protein	Fett	Kohlenhydrate	Vitamin A	Vitamin B1	Niacin	Folsäure	Vitamin B12	Vitamin C	Calcium	Eisen	Zink	Fluorid	Jodid
	g	kcal	g	g	g	µg	mg	mg	µg	µg	mg	mg	mg	mg	µg	µg
Porridge	100	73	1,2	1,24	16,5	1,3	0	0,2	2,1	0	0	9,7	0,6	0,1	19,4	0,5
Reis mit Kartoffeln (ohne Ei)	100	129,9	2,1	4,9	18,9	84,3	0,1	1,4	7,6	0	3,8	11,7	0,9	0,6	19,7	65,3
Hühnerei gegart	55	75,2	6,5	5,1	0,8	145,2	0	0	32,5	0,8	0	26,4	1	0,8	60,5	5,2
Ugali mit Bohnen	100	132,2	5	1	25,3	174,5	0,9	4,5	189	2	1,2	18,2	6,8	9,8	28,6	57,3
Mais, Bohnen Kartoffeln	100	102	5,1	1,3	16,9	98,3	0,2	0,8	26,3	0	4,5	25,4	1,4	0,8	18,1	77,6
Reis mit Mungo bohnen	100	125,4	4,8	1,2	23,2	34,9	0,2	1,6	22,5	0	1	22	1,6	0,7	26	72,8

Tabelle 3.15 Nährstoffgehalt der Grundnahrungsmittel der Schulküche (eigene Darstellung, erstellt mit Ebis pro); (*1) Die Ugali-Trockensubstanz wurde angereichert mit Vit. A, B1, B2, B3, B6, B12, Eisen, Zink, Folsäure, diese Werte wurden von der Verpackung übernommen; (*2) Daten stammen aus Bechthold 2016; (*3) es wurde Speisesalz 4,5 mg Jod/100 g Salz (Verpackungsangabe) verwendet

Lebensmittel	Menge	Energie	Eiweiß	Fett	Kohlenhy.	Vit. A	Vit. B1	Niacin	Folsäure	Vit. B12	Vit. C	Calcium	Eisen	Zink	Fluorid	Jodid
	g	kcal	g	g	g	µg	mg	mg	µg	µg	mg	mg	mg	mg	µg	µg
Mais Grieß	100	345,1	8,8	1,1	73,8	44	0,1	1,2	5	0	0	4	1	0,4	60	2,5
Bulgarius (*1), Ugali, Kenya) angereichert	100	345,1	8,8	1,1	73,8	500	3	14,9	600	7		4	21	33	60	2,5
Reis ungeschält roh	100	352,1	7,8	2,2	74,1	0	0,4	5,2	22	0	0	16	3,2	2	40	2,2
Kidney-Bohnen getrocknet	100	275,6	24,2	1,5	40	2	0,6	2,2	160	0	3,9	110	7	3,3	13	1,1
Mungobohnen reif roh	100	273,9	23,1	1,2	41,5	6	0,5	2,3	140	0	3	90	6,8	1,8	50	7
Kartoffel geschält roh	100	73,4	1,9	0	15,6	1	0,1	1,2	15	0	18,8	9	0,9	0,4	10	3,4
Mais Vollkorn roh	100	329,3	8,7	3,8	64,2	154	0,4	1,5	26	0	0	8	1,5	1,5	43	2,6
Tomate rot roh	100	17,4	0,9	0,2	2,6	99	0,1	0,5	33	0	19,3	9	0,3	0,1	24	1,1
Tomatenmark	100	37,8	2,3	0,5	5,6	207	0,1	1,5	54	0	9	60	1	0,6	29	2,2
Moringablätter frisch roh (*2)	100	150,1	9,4	1,4	8,3	2269	0,3	2,2		0	51,7	185	4	0,6		1,8
Zwiebeln roh	100	27,7	1,2	0,3	4,9	1	0	0,2	11	0	7,4	22	0,2	0,2	42	9,4
Hühnerei gegart	100	136,7	11,9	9,3	1,5	264	0,1	0,1	59	1,5	0	48	1,7	1,4	110	
Weizenkeimöl	100	884,3	0	100	0	0	0	0	0	0	0	1	0,1	3,8	0	0
Sonnenblumenöl	100	884,3	0	100	0	4	0	0	0	0	0	15	0,1	0,1	0	0
Maiskeimöl	100	884,3	0	100	0	23	0	0	0	0	0	1	1,3	0	0	0
Palmöl	100	884,3	0	100	0	3550	0	0	0	0	0	1	0	0	0	2
Hirse Mehl	100	342,7	5,8	1,7	74,8	0	0,3	1,6	15	0	0	40	6	0,8	30	0,7
Weizen Mehl	100	345,6	10,6	1,1	72	0	0,1	0,5	16	0	0	17	1	0,1	50	
Jodiertes Speisesalz (*3)	100	0	0	0	0	0	0	0	0	0	0	250	0,1	0,1	50	45000

Diskussion

4

4.1 Bewertung der anthropometrischen und klinischen Ergebnisse

Bewertung der anthropometrischen Ergebnisse

30 von 174 Kinder haben in der Anthropometrie einen und ein Kind hat mehrere auffällige Werte. Somit sind 143 Kinder unauffällig und normal entwickelt. Unter den auffälligen Kindern liegen bei einem Kind (SNP1) Hinweise für eine akute Mangelernährung vor.

Bei den bis zu fünf jährigen Kindern sind insgesamt fünf Kinder auffällig. Drei davon sind männlich und zwei weiblich. Erhöhtes Längenwachstum wird hier nicht als Auffälligkeit bewertet, da es insgesamt als unbedenklich gilt. Besonders auffällig ist der vierjährige Junge SNP1. Sein MUAC zeigt, dass er sich zwischen einer Gefahr einer Mangelernährung und einer mäßigen Mangelernährung befinden. Er ist zudem schwer wasted und auch stunted. Möglicherweise kann bei ihm auch schon von Marasmus gesprochen werden. Dieser Junge sollte bei einem Arzt vorgestellt werden und eine optimierte Kost mit allen Nährstoffen erhalten. Zudem wäre es sinnvoll, wenn die Schulsozialarbeiterin die häusliche und familiäre Situation überprüft, vor allem auch mit dem Augenmerk auf die Ernährung. Bei einem weiteren auffälligen Jungen deutet das MUAC auf die Gefahr hin, eine Mangelernährung zu entwickeln. Weiterhin weist er jedoch keine auffälligen Werte auf. Sein Entwicklungszustand ist insgesamt als unbedenklich zu bewerten. Drei weitere Kinder bis zum fünften Lebensjahr haben jeweils eine Auffälligkeit (Wasting oder Stunting), sind in allen anderen Kategorien unauffällig.

Bei den Kindern ab 5 Jahren sind 16 vom Wasting betroffen (8 weiblich, 8 männlich). Ein Mädchen ist übergewichtig. Alle diese 17 Kinder haben keine weiteren Auffälligkeiten. Neun Kinder sind vom Stunting betroffen, acht davon

© Der/die Herausgeber bzw. der/die Autor(en), exklusiv lizenziert durch Springer Fachmedien Wiesbaden GmbH, ein Teil von Springer Nature 2020
C. Niers, *Ernährungszustand und Schulverpflegung in Kenia*, Forschungsreihe der FH Münster, https://doi.org/10.1007/978-3-658-31685-3_4

sind weiblich. Neben dem Stunting weisen die Kinder auch hier keine weiteren Auffälligkeiten auf.

Es wäre sinnvoll, die auffälligen Kinder hinsichtlich ihrer Entwicklung des Wachstums und des Gewichtes weiterhin zu beobachten. Zudem ist es wichtig, dass die Nahrungsaufnahme bei ihnen optimiert wird. Beim Wasting kann eine Gewichtszunahme angestrebt werden, indem mehr Nahrungsenergie aber auch alle anderen wichtigen Nährstoffe aufgenommen werden. In dieser Studie sind alle Kinder mit Stunting bereits älter als zwei Jahre alt. Da der Zeitraum von der Empfängnis der Frau bis zum vollendeten 24 Lebensmonats des Kindes die Zeit ist, in der am meisten Einfluss auf das Körperwachstum genommen werden kann, sind hier die Interventionsmöglichkeiten eingeschränkt. Trotzdem sollten die betroffenen Kinder erhöhte Aufmerksamkeit erhalten. Ihre Nahrungsaufnahme sollte optimiert werden. Ebenfalls ist wichtig zu überprüfen, ob sie von ihren Eltern ausreichende Mahlzeiten erhalten.

Das Odds Ratio für Wasting und Stunting nach Geschlecht wurde in Abschnitt 3.2.1.3 ermittelt. Die Grundgesamtheit der einzelnen Gruppen (z. B. Mädchen und Jungen unter fünf Jahren) ist zu klein und zu unterschiedlich in ihrer Größe, um eine allgemeine Aussage über die Chancenverteilung für Jungen und Mädchen und Stunting und Wasting treffen zu können. Werden alle Altersgruppen miteinander verglichen, ist die OR auch nicht aussagekräftig genug. Die Tendenz, dass Jungen seltener von Stunting betroffen sind, spiegelt nicht die Literatur wider, da hier gegenteiliges festgestellt wurde (vgl. Abschnitt 3.1.1.1). Ein Grund für diesen Unterschied ist hier nicht zu erkennen. Für Stunting ist kein deutlicher Unterschied in der Prävalenz bei den Geschlechtern erkennbar.

Im Vergleich der Stunting- und Wasting-Prävalenz der Kinder bis fünf Jahre in Kenia und in dieser Studie fällt auf, dass Wasting vergleichsweise häufiger und Stunting weniger häufig vorliegt. Der Vergleich ist jedoch wenig sinnvoll, da in dieser Arbeit nur 31 Kinder in dieser Altersspanne berücksichtig werden konnten.

Bewertung der klinischen Bestandsanalyse
Hinsichtlich der klinischen Bestandsanalyse machen die Kinder einen unauffälligen und gesunden Eindruck. Es wurden keine Hinweise auf einen Mikronährstoffmangel beobachtet.

Auffällig ist jedoch die Prävalenz von Karies. 29 % (50 von 174) aller Kinder haben Karies, der mit dem Auge von ungeschulten Personen bereits sichtbar war. Folglich kann davon ausgegangen werden, dass die Prävalenz noch höher ist. Das Ausmaß ist hierbei erschreckend. Bei einigen Kindern waren fast alle Zähne von Karies betroffen.

Die Ursache für das hohe Kariesvorkommen ist unklar. Neben einer unzureichenden Mundpflege kann auch ein Flouridmangel dazu beitragen (Alexy and Kalhoff, 2012). Die Ernährungserhebungen haben jedoch gezeigt, dass der Fluoridbedarf bei den Kindergartenkindern sowie bei den Kindern der Klassen 1–4 durch die Schulverpflegung bereits gedeckt ist. Bei den Kindern der Klasse 5–8 wieder er nur zu 52–58 % gedeckt. Wahrscheinlich ist der Fluoridmangel deswegen hier nicht der wesentliche Grund für die Entstehung von Karies. Weiterhin ist aufgefallen, dass der Calciumbedarf der Kinder nur zu 10–13 % gedeckt wird. Da Calcium zu 99 % in den Knochen und Zähnen gespeichert wird und bei Bedarf, d. h. bei einem Calcium-Mangel, aus Knochen und Zähne abgebaut wird, liegt die Vermutung nahe, dass ein Calcium-Mangel einen Einfluss auf die Kariesentstehung haben könnte. Dieser mögliche Zusammenhang bedarf weiterer Untersuchungen oder Forschungen.

Bekannt ist bereits, dass Frühgeborene und Kinder mit einem niedrigen Geburtsgewicht häufiger eine Hypocalcämie aufweisen. Dies führt zu einer unzureichenden Zahnmineralisierung. Werden normalgeborene Kinder früh mit Kuhmilchpräparaten anstelle von Muttermilch ernährt, so weisen diese Kinder eher einen Schmelzdefekt der Zähne auf. Hier wird vermutet, dass das unterschiedliche Verhältnis von Calcium und Phosphat von Muttermilch und Kuhmilch dafür verantwortlich ist (Elmadfa and Leitzmann, 2019). Weiterhin konnte festgestellt werden, dass bei Schulkindern mit Karies der Speichel häufig weniger Calcium enthält (Sejdini et al., 2018). Diese Hinweise bestätigen die Theorie, dass eine unzureichende Calciumversorgung die Kariesentstehung begünstigen kann.

Weiterhin könnte es auch sein, dass die Kinder außerhalb der Schule einen hohen Zuckerkonsum ausweisen, der die Kariesentstehung verstärken kann.

4.2 Bewertung der Ernährungssituation

In der Bewertung können nur die aufgenommenen Nährwerte der Kinder über die Schulmahlzeiten mit den Referenzwerten für den Tagesbedarf verglichen und bewertet werden. Außerschulische Nahrungsaufnahmen werden hier nicht berücksichtig, da die Daten hierfür nicht vorliegen.

Je älter die Kinder sind desto weniger wird der Tagesenergiebedarf durch die beiden täglichen Schulmahlzeiten gedeckt. Bei den Kindergartenkindern wird dieser zu 50 % gedeckt, bei den Kindern der Klassen 1–4 zu 40 % und bei den Kindern der Klassen 5–8 nur noch zu 30 %. Dieser Trend lässt sich bei vielen weiteren Nährstoffen beobachten. So wird der Proteinbedarf bei den Kindergartenkindern zu mehr als 100 % und bei den älteren Kindern der Klasse 5–8 nur noch zu 50 % gedeckt. Da die empfohlenen Mengen der Energie-, Fett- und Kohlenhydrate sowie ab der Klasse 5–8 auch bei den Mikronährstoffen Vitamin B_1, Eisen, Zink und Fluorid bei den Jungs im Vergleich zu den Mädchen stets höher ist, ist die unzureichende Versorgung bei den Jungen meistens höher.

Auffällig ist der zu niedrige Fettgehalt der Mahlzeiten. Durch einen höheren Fettanteil könnte die Nahrungsenergie leicht erhöht werden. Positiv zu bewerten ist, dass Fette überwiegend aus Pflanzenölen und dem Vitamin A-reichen Palmöl aufgenommen werden. Da hier hohe Anteile der mehrfach ungesättigten Fettsäuren Linolsäure enthalten sind (v. a. in Sonnenblumen- und Maiskeimöl). Palmöl ist eine Ausnahme unter den Pflanzenölen, da es vor allem gesättigte Fettsäuren und die nicht essentiellen ungesättigten Monoensäuren enthält. Da die genaue Zusammensetzung des Speiseöls nicht bekannt ist und auf einer Annahme beruht, wäre es wünschenswert zu wissen, ob auch besonders hochwertige Pflanzenöle enthalten sind, die ein besonders günstiges Fettsäuremuster mit α-Linolensäure enthalten, wie z. B. Lein-, Raps- und Sojaöl (Elmadfa and Leitzmann, 2019).

Der Gehalt an Proteinen ist im Schulessen vergleichsweise höher. Sein Bedarf ist jedoch nur bei den Kindergartenkindern gedeckt. Hier sollte zudem beachtet werden, dass bis auf das wöchentliche Hühnereiweiß alle Proteine aus pflanzlichen Lebensmitteln stammen. Die Eiweißbestandteile aus pflanzlichen Lebensmitteln liefern wahrscheinlich keine ausreichende Kombination der essentiellen Aminosäuren, da diese vor allem in tierischen Lebensmitteln enthalten sind. Eine unter diesen Umständen vorherrschende eher schlechte Proteinqualität kann eine höhere Zufuhr erfordern (FAO, 1985; Elmadfa and Leitzmann, 2019). Da das Hühnereiweiß generell das Lebensmittel mit der höchsten biologischen Wertigkeit darstellt, ist es besonders wertvoll für die Schulverpflegung. Da am Montag Kartoffeln mit Hühnereiweis zusammen verzehrt werden, erhöht sich hier die Wertigkeit der Kartoffel-Proteine zusätzlich (Elmadfa and Leitzmann, 2019). Hier ist das Hühnerei bestmöglich im Wochenplan integriert. Damit die Proteine nicht zur Energiegewinnung herangezogen und zu körpereigenen Proteinen umgebaut werden können, ist eine ausreichende Energieversorgung nötig. Die Ergebnisse zeigen, dass dies insbesondere bei den Kindern der Klasse 5–8 durch die Schulernährung noch nicht gewährleistet ist (Elmadfa and Leitzmann, 2019).

Die empfohlenen Mikronährstoffmengen an Vitamin B_1, Vitamin B_{12} und Jod werden durch die Schulverpflegung vollständig gedeckt.

Das angereicherte Ugali-Mehl sowie das Hühnerei sind die einzigen Lebensmittel, die Vitamin B_{12} enthalten. Insbesondere das Ugali-Mehl führt hier zu einer Deckung des Vitamin B_{12}-Bedarfs. Das Jod stammt zum größten Teil aus dem mit Jod angereicherten Speisesalz und stellt somit eine gute Maßnahme zur

Deckung des häufig kritischen Nährstoffes dar. Vitamin B_1 ist in vielen der verwendeten Lebensmittel enthalten, aber auch hier ist das Ugali-Mehl besonders Vitamin B_1-reich und trägt am meisten zur Bedarfsdeckung bei. Vitamin A wird zu 80–83 % gedeckt. Die wichtigsten Vitamin A-Träger sind in den beobachteten vier Tagen vor allem das angereicherte Ugali, das Hühnerei sowie das Palmöl, von dem ausgegangen wird, dass es in dem Pflanzenölgemisch enthalten ist. Sollten die Kinder zu Hause noch ein Abendessen erhalten, so könnte die empfohlene Tagesmenge erreicht werden. Eine höhere Vitamin A-Aufnahme über die Schulverpflegung wäre wünschenswert, um die Bedarfsdeckung bei allen Kindern sicherzustellen. Insbesondere, weil nicht mit Sicherheit davon ausgegangen werden kann, dass in dem Pflanzenöl tatsächlich Palmöl enthalten ist.

Außer in den Pflanzenölen und im Salz sind Niacin und Folsäure in allen Lebensmitteln enthalten. Auch hier ist das Ugali durch die Nährstoffanreicherung das Niacin-reichste Lebensmittel. Der Tagesbedarf an Niacin und Folsäure wird bei den Kindern der Klasse 1–8 durch die Schulverpflegung zum großen Teil, jedoch noch nicht komplett, gedeckt.

Vitamin C sowie Calcium stellen die beiden Mikronährstoffe dar, die deutlich unzureichend in den Schulmahlzeiten enthalten sind. Vitamin C ist zwar in allen Hauptmahlzeiten enthalten, jedoch in viel zu geringen Mengen. Das Hühnerei sowie die Mungo- und Kidneybohnen sind die wichtigsten Calciumlieferanten.

Die Eisenzufuhr deckt bei den Mädchen, die bereits ihre erste Menstruationsblutung hatten, aufgrund des dadurch bedingten deutlich erhöhten Bedarfs, nur noch 47 % der empfohlenen Tagesmenge. Bei allen anderen Kindern ist der Tagesbedarf gesichert. Im Vergleich der Mittagsmahlzeiten enthält die Ugali-Speise am meisten Eisen. Es kann davon ausgegangen werden, dass bis auf im Hühnerei fast ausschließlich nicht-Häm-Eisen in den Speisen enthalten ist. Das hat zu bedeuten, dass das Eisen nur zum kleinen Teil bioverfügbar ist. Dies ist jedoch bereits in den empfohlenen Mengen der Referenzwerte berücksichtigt. Hier wäre die Verbesserung der Bioverfügbarkeit des Eisens ein Optimierungsansatz.

Zink wird bei allen Kindern über die beiden Mahlzeiten ausreichend über die beiden Schulmahlzeiten aufgenommen, bis auf bei den Jungen aus den Klassen 5–8, da wird der Bedarf nur zu 95 % gedeckt. Mit Abstand der wichtigste Zinklieferant ist auch hier wieder das Ugali. Auch Fluorid wird bei allen bis auf bei den Jungen und Mädchen der Klassen 5–8 unzureichend aufgenommen. Hier fällt auf, dass der Bedarf bei Kindern mit dem Alter deutlich ansteigt.

Insgesamt kann gefolgert werden, dass vor allem das Ugali aufgrund seiner Nährstoffanreicherung dazu beiträgt, dass viele Mikronährstoffe im Durchschnitt in ausreichenden oder fast ausreichenden Mengen aufgenommen werden.

Die Porridge-Mix-Verpackung hat den Hinweis, dass das Mehlgemisch natürlicherweise Mineralstoffe und Vitamine enthält (Anhang VII). Vergleicht man den zubereiteten Porridge mit den Mittagsspeisen, fällt jedoch auf, dass er eine sehr geringe Nährstoffdichte hat und, außer bei den Makronährstoffen, der Energie und dem Fluorid, kaum Nährstoffe liefert. Eine genaue Inhalts- und Nährstoffangabe ist der Verpackung jedoch nicht zu entnehmen, so dass Nährwerte teilweise nicht exakt sein könnten.

Zusammenfassend kann die Aussage gemacht werden, dass die Versorgung der Mikronährstoffe Zink, Jod, Vitamin A und Eisen, die in der Literatur als am kritischsten dargestellt werden, insgesamt gut bis ausreichend ist. Zudem ist die Versorgung dieser Nährstoffe, mit Hilfe von einfachen Maßnahmen, wahrscheinlich leicht zu optimieren. Die Eisenzufuhr der älteren Mädchen bedarf besonderem Augenmerk und einer Verbesserung. Eine Nahrungsaufnahme findet bei vielen Kindern auch außerhalb der Schule statt, sodass angenommen werden kann, dass die tatsächliche Aufnahme höher ist. Hier ist jedoch unklar, ob diese Mahlzeiten nährstoffreich sind, sodass eine sehr hohe Nährstoffdichte des Schulessens dies ausgleichen könnte. Kritisch ist vor allem die Versorgung mit Calcium und Vitamin C. Auch die Zufuhr an Fett, Proteinen und Energie ist optimierungswürdig. Um eine ausreichende Vitamin A-Menge sicherzustellen, sollte auch diese sicherheitshalber erhöht werden.

Beachtlich ist, dass die meisten Kinder in einem guten Ernährungszustand sind, obwohl die Schulverpflegung hinsichtlich ihrer Nährstoffzusammensetzung Defizite aufweist. Es könnte sein, dass einige Nährstoffmangel bei den Kindern erst langfristig Symptome auslösen, die in der klinischen und anthropometrischen Bestandserhebung noch nicht erfasst werden konnten. Ein weiterer Erklärungsansatz ist, dass die außerschulische Ernährung die Defizite des Schulessens ausgleicht. Die Überlegung, die außerschulischen Speisen der Kinder abzuschätzen wurde verworfen, da Schätzungen zu ungenau gewesen wären. Weiterhin kann davon ausgegangen werden, dass durchschnittliche Werte hier den einzelnen Kindern nicht gerecht werden würden, da sie in unterschiedlichen sozialen Verhältnissen leben.

Eine letzte Hypothese könnte sein, dass die verwendeten Referenzwerte nicht relevant oder in einigen Bereichen zu hoch angelegt sind.

4.3 Limitationen der Studie

Limitationen der anthropometrischen und klinischen Bestandserhebung
Bei der Bewertung der Ergebnisse der Anthropometrie und der klinischen Beobachtungen sollte beachtet werden, dass die Bestandsanalyse von ungeschulten und wenig erfahrenen Personen durchgeführt wurden. Zudem waren die Voraussetzungen hierbei nicht optimal. Die zur Verfügung stehende Zeit war sehr begrenzt, sodass wenig Zeit pro Kind zur Verfügung war. Die Körperwaage stand nicht auf einem komplett ebenerdigen Untergrund. Die Kinder haben bei der Ermittlung des Körpergewichts bis auf ihre Schuhe die Kleidung anbehalten. Für die Ermittlung der Körpergröße wurde eine einfache Messlatte verwendet. Von der WHO wird jedoch empfohlen, ein Längen- bzw. Größenbrett zu nutzen, das jedoch nicht zur Verfügung stand. Eine weitere Einschränkung ist, dass nicht alle Kinder nüchtern und zur gleichen Tageszeit vermessen wurden. Zudem wäre es sinnvoll gewesen, wenn die Vermessungen der einzelnen Parameter von der jeweils gleichen Person durchgeführt worden wären. Die Liste der klinischen Symptome (vgl. Abschnitt 2.2.2), auf die die Forschende bei der Bestandserhebung geachtet hat, ist nicht vollständig und bildet somit nur einen Teil eines klinischen Gesamtbildes ab. Ein Beispiel für fehlende Symptome ist der Kropf, der bei einem Jodmangel auf eine vergrößerte Schilddrüse hinweisen kann (WHO, 2007).

Der Ernährungs- und Entwicklungszustand der Kinder kann nur zu dem Zeitpunkt der Querschnittserhebung bewertet werden. Es ist sinnvoller, den Entwicklungsverlauf der einzelnen Kinder über einen längeren Zeitraum zu betrachten.

Bezüglich der klinischen Symptomerfassung sind die beiden größten limitierenden Faktoren der sehr enge vorgegebene Zeitrahmen sowie die unzureichende Erfahrung der Forschenden. Hier konnte die Ressource genutzt werden, Rücksprache mit dem erfahrenen Pädiater halten zu können.

Limitationen der Ernährungserhebungen
Bei den Ernährungserhebungen konnten nur die verzehrten Speisen der Schulverpflegung berücksichtigt werden. Für eine ganzheitliche Bewertung müssten auch die Speisen berücksichtigt werden, die von den Kindern außerhalb der Schule verzehrt werden. Dies stellt die größte Limitation der Ernährungserhebungen dar. Da davon ausgegangen werden kann, dass viele Kinder in armen Verhältnissen leben und deshalb in den Familien keine nährstoffreiche Ernährung erhalten, ist es trotzdem sinnvoll, die Schulverpflegung mit den Referenzwerten zu vergleichen.

Die Ernährungserhebungen basieren auf Wiegeprotokolle von vier Tagen. Ein Zeitraum von 7–10 Tagen wäre sinnvoller gewesen. Die protokollierten

Mahlzeiten stellen jedoch einen Großteil aller zubereiteten Mahlzeiten der Schul-verpflegung dar. Aus diesem Grund sind die Wiegeprotokolle der vier Tage ausreichend, um eine Tendenz der Versorgung zu erfassen.

Während der Speisenzubereitung in der Schulküche mussten die Zutatenmen-gen teilweise geschätzt werden. Hier muss davon ausgegangen werden, dass die Genauigkeit der Nährwertberechnungen dadurch beeinträchtigt wurde. Bei einigen Grundnahrungsmitteln ist unbekannt, ob es sich um ein angereichertes Lebensmittel handelt. So wurde beispielsweise bei dem Reis die Verpackung nicht auf Nährwertangaben überprüft. Auch bei dem Porridge-Mix und dem Speiseöl ist die genaue Zusammensetzung nicht bekannt und musste deswegen geschätzt werden. Bei der Durchführung der Wiegeprotokolle zeigte sich, dass das Gewicht der Speiseteller nicht einheitlich war. Dieser Umstand führte zu einem hohen Mehraufwand bei der Ermittlung des Nettogewichts der Speisen. Aufgrund der hohen Geschwindigkeit der Speisenausgabe konnte nicht immer notiert werden, welcher Teller verwendet wurde, so dass teilweise ein Durchschnittsgewicht der Teller verwendet werden musste.

Die verwendeten Nährwertberechnungen bilden nur die Nährwerte ab, die in den rohen Lebensmitteln enthalten sind. Der Nährstoffgehalt wird jedoch von vielen Faktoren beeinflusst. So haben beispielsweise die Zubereitungsart, der Zeit-punkt der Ernte und die Kombination von Lebensmitteln in den Speisen großen Einfluss auf den Nährstoffgehalt und die Bioverfügbarkeit. Zudem entspricht die aufgenommene Nährstoffmenge nicht gleich den vom Menschen resorbier-ten Nährstoffmengen (Müllern and Trautwein, 2005). Diese Faktoren können in dieser Arbeit nicht berücksichtigt werden und stellen eine Limitation der Arbeit dar.

Bei der Berechnung der Nährstoffzufuhr der Kinder wurden diese in drei große Gruppen Kindergarten, Klassen 1–4 und Klassen 5–8 geteilt, um die Berech-nungen zu vereinfachen. Dies hatte die Folge, dass vermehrt mit Mittelwerten gerechnet wurde. Beispielsweise ist durch die Gruppierung das durchschnittliche Kind aus den Klassen 1–4 7,9 Jahre alt. Tatsächlich ist das Altersspektrum jedoch anders. Wird die Aussage getroffen, dass der Tagesbedarf durchschnittlich gedeckt wurde, trifft dies folglich vor allem für das Kind mit dem durchschnittlichen Alter zu.

Bei einigen Nährstoffen wie beispielsweise den Fettsäuren und den Amino-säuren wurden die qualitativen Aspekte unzureichend betrachtet. Vielmehr wird der quantitative Aspekt bei der Auswertung einbezogen. Dies stellt eine weitere Limitation dar.

Weitere Limitationen

Weiterhin wären weitere diagnostische Erhebungsmethoden sinnvoll gewesen, um den Ernährungszustand der Kinder ganzheitlich bewerten zu können. So wäre die Bestimmung einiger Blutparameter geeignet, um die Versorgung von Vitaminen und weiteren Nährstoffen besser bewerten zu können.

Es liegt zudem die Vermutung zugrunde, dass bei einigen Kindern das korrekte Geburtsdatum nicht bekannt war und ein vermutetes Datum aufgezeichnet wurde. Sollte dies der Fall sein, sind dementsprechende Folgefehler in den Ergebnissen enthalten.

4.4 Mögliche Strategien zur Verbesserung der Ernährung in der Schulverpflegung

Die folgenden Ansätze zur Verbesserung der Ernährung in der Schulverpflegung der Diani Montessory Academy basieren auf den in Abschnitt 3.2.2 und 4.2 beschriebenen und diskutierten Ergebnissen.

Insgesamt sollte die Menge der Nahrungsenergie erhöht werden. Als Maßnahme hierfür können die Portionen vergrößert werden, insbesondere bei den Schulkindern der Klasse 5–8. Eine bessere Maßnahme hierfür wäre die Erhöhung des Fettanteils in den Gerichten, da bei der einfacheren Vergrößerung der Portionen der Kohlenhydratanteil zu hoch werden könnte. Weniger gut geeignet wäre die Erhöhung des Kohlenhydratanteils, da dieser bereits angemessen ist. Zudem kann davon ausgegangen werden, dass die Kinder außerhalb der Schule vor allem Kohlenhydrate verzehren. Durch eine höhere Fettaufnahme würde der Bedarf an Fett und an Energie eher gedeckt werden. Es sollte darauf geachtet werden, dass Pflanzenöle verwendet werden, die ein möglichst gutes Fettsäuremuster mit essentiellen, mehrfach ungesättigten Fettsäuren aufweisen. Wenn die Möglichkeit besteht, sollte ein mit Vitamin A angereichertes Pflanzenöl verwendet werden. Ist das rote, Vitamin A-reiche Palmöl regional erhältlich, sollte dieses verwendet werden. 0,3 g des roten Öls decken bereits den Tagesbedarf an Vitamin A eines Erwachsenen (Biesalski, 2018). Eine ausreichende Versorgung mit Fetten ist weiterhin auch für die Gewährleistung der Resorption der fettlöslichen Vitamine A, D, E und K notwendig.

Die Vitamin A-Menge kann auch erhöht werden, indem beispielsweise Leber im Speiseplan integriert wird. Die Leber kann vom Schwein, Rind, Kalb oder Huhn stammen. Da ein Teil der Schüler und Schülerinnen dem muslimischen Glauben angehören, sollte auf Schweineleber verzichtet werden. Karotten, Mango und Papaya sind ebenfalls Vitamin A-haltig und könnten alternativ oder ebenfalls in den Speiseplan eingebaut werden. Sie haben im Vergleich zur Leber einen deutlich geringeren Vitamin A-Anteil, tragen trotzdem zur Aufnahme bei. Da Karotten, Mango und auch Papaya teilweise bereits in der schuleigenen Farm angebaut werden, ist dies mit wenig Aufwand umsetzbar. Allerdings müsste die Ernte dann (zumindest zum Teil) der Schulküche zur Verfügung gestellt werden und wäre dann nicht mehr zum Verkauf verfügbar.

Eine ausreichende Energieversorgung trägt zudem dazu bei, dass die Proteine im Falle eines Energiedefizites nicht als Energielieferant verbrannt werden. Weiterhin sollte die Proteinzufuhr für die Kinder ab Klasse 5 erhöht werden. Hier sollten, wenn möglich, auch tierische Eiweißquellen eingesetzt werden. Eine mögliche Maßnahme wäre, eine weitere tierische Eiweißquelle pro Woche einzuführen. Dies können eine Portion Fleisch, ein weiteres Hühnerei oder auch eine Portion Milch oder Milchprodukt wie Käse sein. Diese Eiweißportion sollte zusammen mit den Kidney- oder Mungobohnen verzehrt werden, um die biologische Wertigkeit der Proteine aus den Bohnen zu steigern.

Insgesamt wäre eine Kost wünschenswert, die eine höhere Nährstoffdichte aufweist. Hierfür wäre eine höhere Diversifikation des Speiseplans notwendig. Regelmäßige Obst- und Gemüseportionen wären hierfür sehr empfehlenswert. Eine Variation verschiedener Lebensmittel kann auf die Saison und die Ernte angepasst werden.

Weiterhin sollte die Vitamin C-Zufuhr erhöht werden. Hier wäre es sinnvoll, Obst- und Gemüseportionen in die Schulverpflegung zu integrieren. In Kenia heimische Vitamin C-reiche Lebensmittel sind Avocado, Banane, Apfel, Kohl, Kassava, Mango, Papaya, Orangen und Ananas. Einige dieser Lebensmittel können auch in der schuleigenen Farm angebaut werden. Wenn es der Ernteertrag zulässt, wäre eine Portion Obst pro Tag sehr erstrebenswert. Eine Portion Obst pro Kind und pro Woche sollte mindestens sichergestellt werden.

Die Vitamin C-reiche Portion sollte zusammen mit Lebensmitteln verzehrt werden, die reich an Nicht-Häm-Eisen sind, um die Eisenresorption zu verbessern. Idealerweise wird eine Vitamin C-haltige Portion Obst zu den Mungobohnen, zu Kidneybohnen oder zum Ugali ausgegeben, da es die eisenhaltigsten Lebensmittel im Erhebungszeitraum darstellen. Insbesondere bei den Mädchen, die bereits die Menstruationsblutungen haben, sollte der Eisengehalt der Nahrung erhöht werden. Hier wäre eine wöchentliche Portion eisenhaltiges Fleisch, idealerweise rotes Fleisch, sehr empfehlenswert.

Vitamin B_1 und Jod sind in der Schulverpflegung ausreichend enthalten. Es sollte weiterhin das mit Jod angereicherte Speisesalz verwendet werden, da es die hauptsächliche Jodquelle darstellt. Ideal wäre es, wenn die Kinder zu dem ab und zu eine Portion Seefisch verzehren.

Da das angereicherte Ugali-Mehl in hohem Maße dazu beiträgt, den Bedarf an Folsäure, Eisen, Zink, Vitamin A sowie der B-Vitamine zu decken, wäre es sinnvoll, weitere Ugali-Portionen in der Woche einzuplanen.

Die Fluoridmenge ist bei den Schulkindern ab Klasse 5 unzureichend. Aufgrund der hohen Kariesprävalenz wäre es sinnvoll, den Fluoridgehalt der Nahrung zu erhöhen. Es sollte ein Speisesalz verwendet werden, das nicht nur mit Jod, sondern auch mit Fluorid oder zusätzliche auch noch mit Folsäure angereichert ist.

Um Karies entgegenzuwirken, ist zudem eine Reduktion des Haushaltszuckers anzustreben. Hier empfiehlt es sich, bei der Zubereitung des Porridges die Zuckermengen zu reduzieren. Um die Kinder langsam vom süßen Geschmack zu entwöhnen, sollte der Zuckergehalt über einen längeren Zeitraum langsam reduziert werden.

Der Porridge ist insgesamt eher nährstoffarm. Sollte es möglich sein, einen Porridge-Mix zu verwenden, der mit Nährstoffen wie Eisen angereichert ist, sollte dieser bevorzugt werden.

Da der Calciumbedarf bei allen Kindern nur zu einem kleinen Teil gedeckt wird, sollte der Calciumanteil aufgrund seiner Relevanz für Knochen- und Zahngesundheit deutlich erhöht werden. Besonders reich an Calcium sind Milch und Milchprodukte wie Käse. Auch das Hühnerei enthält Calcium und sollte weiterhin im Speiseplan berücksichtigt werden. Gemüsesorten, insbesondere grüne Gemüsesorten wie grüne Blattgemüse und auch Tomaten enthalten ebenfalls Calcium. Calcium aus Milch und Milchprodukte weisen jedoch eine für den Körper höhere Verfügbarkeit auf und sollten bevorzugt werden (Elmadfa and Leitzmann, 2019). Eine effektive Maßnahme zur Erhöhung des Calciumanteils mit leicht zu absorbierendem Calcium wären mehrere Portionen an Milch- und Milchprodukten pro Woche, mindestens jedoch ist eine Portion sehr empfehlenswert. Ein Lösungsansatz hierfür wäre es, den Porridge mit Kuhmilch oder einem Kuhmilch-Wasser-Gemisch anzurühren, statt ausschließlich mit Wasser. Da Milch einen süßlichen Geschmack aufweist, könnte auf diese Weise ebenfalls der Zuckergehalt im Porridge reduziert werden.

Insgesamt wäre es sinnvoll, eine wöchentliche Portion Leber vom Schwein, Kalb, Huhn oder Rind einzuführen. Die Leber enthält viele Nährstoffe in hohen Konzentrationen und wäre somit sehr effektiv. Dies würde dazu beitragen, den Bedarf an Häm-Eisen, Jod, Zink, Niacin, Vitamin A, Vitamin B_{12}, Folsäure und essentiellen Proteinen zu decken. Die Leber könnte klein geschnitten werden und zusammen mit den Bohnen gekocht werden. Sollte sie geschmacklich nicht auf die Vorlieben der Kinder stoßen, wäre die Leber so zumindest optisch nicht vorherrschend. Es könnte auch die Haltung von Nutztieren wie Hühner in der Schulfarm in Erwägung gezogen werden.

Die Blätter des Moringa Oleifera-Baums sind ebenfalls sehr nährstoffreich und werden bereits sinnvoll eingesetzt. Da sie bislang in verhältnismäßig geringen Mengen in den Mittagsmahlzeiten enthalten sind, ist der Effekt eher gering. Hier könnte der Anteil an Moringa deutlich erhöht werden, wenn es geschmacklich toleriert wird. Anstelle von 1.000 g Moringa pro Tag, könnte getestet werden, ob 3.000-4.000 kg (für circa 250 Personen) pro Mittagsmahlzeit integriert werden können.

Ebenso ist es notwendig, die Lehrkräfte, die Köchinnen, die Schulsozialarbeiterin und auch die Familien über eine gesunde und nährstoffreiche Kost aufzuklären. Einige Besonderheiten wie beispielsweise den erhöhten Eisenbedarf für Mädchen mit Menstruationsblutungen sollten explizit besprochen werden. Es ist sinnvoll, dass die für den Einkauf verantwortliche Person weiterhin das mit Nährstoffen angereicherte Speisesalz und Ugali-Mehl im wöchentlichen Einkauf auf dem Markt besorgt, auch wenn alternative Produkte kostengünstiger sind. Auch bei dem Porridgemehl empfiehlt es sich, ein angereichertes Produkt einzukaufen. Sollte ein Reis erschwinglich sein, das durch eine Biofortifikation beispielsweise höhere Eisenmengen enthält, ist dieser zu bevorzugen.

Zudem sollte angestrebt werden, dass die Kinder auch außerhalb der Schule eine abwechslungsreiche Kost erhalten. Die genannten Änderungsvorschläge enthalten Lebensmittel, die in der Anschaffung höhere Kosten bedeuten. Die Preise für Obst, Gemüse und insbesondere für tierische Produkte sind deutlich höher als für Reis, Ugali und Bohnen. Aus diesem Blickwinkel heraus betrachtet, wäre eine Portion Leber besonders sinnvoll, da sie eine hohe Nährstoffdichte aufweist und somit effektiver wäre, als zum Beispiel weißes Geflügelfleisch.

4.5   Herleitung eines weiteren Forschungsbedarfs

Es besteht ein weiterer Forschungsbedarf, da im Rahmen dieser Arbeit nicht alle Aspekte besprochen werden konnten.

Da lediglich die Speisen der Schulverpflegung betrachtet werden, könnte darüber hinaus auch die häusliche Versorgung der Kinder untersucht werden. Weiterhin ist bei den Kindern, bei denen in dieser Arbeit eine Unterernährung festgestellt wurde, unklar ob möglicherweise eine Grunderkrankung hierfür die Ursache ist. Eine detaillierte Anamnese wäre bei den auffälligen Kindern folglich sinnvoll.

Es wäre weiterhin interessant gewesen, eine Vergleichspopulation aus dem Ort Diani auf diese Aspekte zu untersuchen und mit den Ergebnissen dieser Studie zu vergleichen. Da die Diani Montessory Academy von Spenden unterstützt wird, könnte die Vermutung aufgestellt werden, dass hier mehr Gelder für das Schulessen zur Verfügung stehen, als an anderen Schulen in Kenia, und die Ernährung dadurch besser sein könnte.

Das überraschende Ergebnis des hohen Kariesaufkommens sollte weiter untersucht werden. Es sollte überprüft werden, ob die Ätiologie auch in der Ernährung zu begründen ist, um hier weitere Strategiemaßnahmen entwickeln zu können.

Zudem wäre eine regionale Marktanalyse auf mögliche angereicherte Grundnahrungsmittel sinnvoll. Die Grundnahrungsmittel sind in den Kosten gering und werden täglich eingesetzt und wären somit sehr effektiv als Nährstoffquelle eingesetzt.

Sollten die neuen Strategieansätze umgesetzt werden, wäre es wichtig, dass die Neuerungen in der Schulverpflegungen erneut auf Zusammensetzung und Energie- und Nährstoffgehalt untersucht werden. Ebenso wäre es schlussfolgend sinnig, den Ernährungsstatus der Kinder erneut zu erfassen. Auf diese Weise würde man die Wirksamkeit der Veränderungen überprüfen.

Weiterhin wäre es sinnvoll, die Optimierungsansätze der Schulverpflegung auch auf ökonomische Aspekte zu untersuchen. Die finanzielle Umsetzbarkeit ist Voraussetzung, ein Konzept hierfür wäre zu erstellen.

Fazit

5

Die Unter- und Mangelernährung ist weltweit und auch in Kenia weiterhin ein großes Problem, insbesondere bei Kindern bis zum fünften Lebensjahr. Im Rahmen dieser Arbeit wurde der Ernährungsstatus von 174 Vorschul- und Schulkindern sowie die Ernährung der Schulverpflegung einer Schule in Diani/Kenia erfasst und diskutiert.

Insgesamt sind bei der anthropometrischen Bestandsanalyse 143 von 174 Kinder in einem normalen Ernährungszustand. Das bedeutet, dass sie nicht unter- oder überernährt sind und ein normales Längenwachstum aufweisen. Ein Kind ist übergewichtig. Bei 30 Kindern wurden Stunting (11), Wasting (19) und/oder ein auffälliges MUAC (2). festgestellt. Vier Kinder davon sind unter fünf Jahre alt und damit in besonders kritischen Entwicklungsphasen. Ein Kind unter fünf Jahren ist zudem von schwerem Wasting und von Stunting betroffen. Im Vergleich zu den Prävalenzen für Kenia von Stunting und Wasting fällt auf, dass die Kinder vergleichsweise seltener Stunting und häufiger Wasting aufweisen.

Weiterhin sind die Kinder bei der klinischen Bestandsanalyse insgesamt unauffällig, so dass hier keine Rückschlüsse auf einen Nährstoffmangel gemacht werden konnten. Ein eher zufälliges Ergebnis stellt die hohe Karies-Prävalenz dar.

Beachtlich ist, dass ein Großteil der Kinder sich in einem guten Ernährungszustand befinden, obwohl die Speisen der Schulverpflegung einige Defizite aufweisen. An diesen Stellen könnte angesetzte werden, um das Schulessen zu verbessern. Nahrungsenergie sollte durch eine Erhöhung des Fettanteils erhöht werden. Von den als kritisch bewerteten Nährstoffe Vitamin A, Zink, Jod und Eisen sind in den Schulmahlzeiten Jod und Zink bereits ausreichende Mengen enthalten. Der Eisengehalt der Speisen ist für die älteren Mädchen nicht ausreichend, um ihren erhöhten Bedarf zu decken. Aufgrund der Gefahr einer Eisenmangelanämie, die besonders für schwangere Frauen gefährlich ist, sollte hier gegengewirkt werden. Der Vitamin A-Anteil sollte ebenfalls erhöht werden. Weiterhin konnte festgestellt werden, dass der Gehalt an Calcium und Vitamin C deutlich unzureichend ist. Interessant ist, dass das Ugali-Mehl im hohen Maß zur Nährstoffdeckung beiträgt, weil es mit Nährstoffen angereichert ist.

Die von diesen Ergebnissen abgeleiteten Strategien zu Verbesserung der Schulverpflegung zielen darauf ab, diese Nährstoffdefizite zu decken. Insgesamt ist eine höhere Nährstoffdichte der Speisen wünschenswert. Hierfür sind einige einfache Veränderungen des Speiseplans bereits ausreichend. Die Speiseplanänderung bringt jedoch höhere Kosten mit sich, so dass die finanzielle Hürde zuvor überwunden werden müsste.

Anhang

Anhang I: Das MUAC-Band

Siehe Abbildung A.1

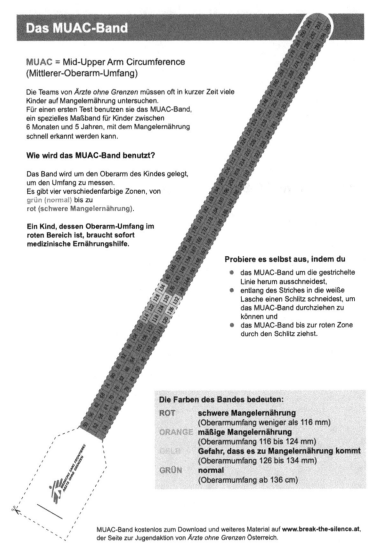

Das MUAC-Band

MUAC = Mid-Upper Arm Circumference
(Mittlerer-Oberarm-Umfang)

Die Teams von *Ärzte ohne Grenzen* müssen oft in kurzer Zeit viele
Kinder auf Mangelernährung untersuchen.
Für einen ersten Test benutzen sie das MUAC-Band,
ein spezielles Maßband für Kinder zwischen
6 Monaten und 5 Jahren, mit dem Mangelernährung
schnell erkannt werden kann.

Wie wird das MUAC-Band benutzt?

Das Band wird um den Oberarm des Kindes gelegt,
um den Umfang zu messen.
Es gibt vier verschiedenfarbige Zonen, von
grün (normal) bis zu
rot (schwere Mangelernährung).

**Ein Kind, dessen Oberarm-Umfang im
roten Bereich ist, braucht sofort
medizinische Ernährungshilfe.**

Probiere es selbst aus, indem du

• das MUAC-Band um die gestrichelte
  Linie herum ausschneidest,
• entlang des Striches in die weiße
  Lasche einen Schlitz schneidest, um
  das MUAC-Band durchziehen zu
  können und
• das MUAC-Band bis zur roten Zone
  durch den Schlitz ziehst.

Die Farben des Bandes bedeuten:

ROT   **schwere Mangelernährung**
          (Oberarmumfang weniger als 116 mm)
ORANGE   **mäßige Mangelernährung**
          (Oberarmumfang 116 bis 124 mm)
GELB   **Gefahr, dass es zu Mangelernährung kommt**
          (Oberarmumfang 126 bis 134 mm)
GRÜN   **normal**
          (Oberarmumfang ab 136 cm)

MUAC-Band kostenlos zum Download und weiteres Material auf **www.break-the-silence.at**,
der Seite zur Jugendaktion von *Ärzte ohne Grenzen* Österreich.

Abbildung A.1 Das MUAC-Band (Ärzte ohne Grenzen - Médecins Sans Frontières
österreichische Sektion, n. d.)

Anhang II: Liste für die anthropometrische und klinische Bestandsanalyse

Siehe Tabelle A.1

Tabelle A.1 Liste für die anthropometrische und klinische Bestandsanalyse (eigene Darstellung)

Class:

Name	Age/ Birthdate	Weight (kg)	Hight (m)	MUAC (mm)	light skincolour in palm Of Hands/sole of food (yes/no)	skin (rash, bleeding?)	oedema foot (yes/no)	ascites (yes/no)	Hair (decolorised ? Yes/no)	Rhagaedes (yes/no)	Tongue (noticeable problems?)	gingiva (bleeding? white?)	BMI (kg/m2)	Hight-for- Age <5years	Weight-for- Hight	other noticeable observations ?

Anhang III: Ergebnisse der anthropometrischen Bestandsanalyse

Siehe Tabelle A.2a –A.2d

Tabelle A.2a Ergebnisse der anthropometrischen Bestandsanalyse (grün: normaler Ernährungszustand; gelb: Gefahr einer Mangelernährung; F = weiblich; M = männlich) (eigene Darstellung)

Kind	Geschl echt	Alter (Jahre)	Gewicht (kg)	Körper-länge/-größe (m)	MUAC (mm)	BMI (kg/m2)	Weight-for-Hight (SD Abweichung vom Median ab +/- 2)	BMI (SD Abweichung vom Median ab +/- 2)	Length/Hight-for-Age (SD Abweichung vom Median ab +/- 2)
VYPG	M	1,7	13,8	0,98	160	14,4			> + 3 SD
AEPG	M	2,3	11,6	0,87	150	15,3			
SHPG	M	2,3	11,6	0,9	149	14,3			
ALPG	F	2,7	13,4	0,93	160	15,5			
IMPG	M	2,7	10,3	0,86	130	13,9			
JNPG	M	2,8	13	0,97	143	13,8			
JLPG	F	2,9	15	1,03	148	14,1			> + 2 SD
ESPG	M	2,9	12,5	0,91	157	15,1			
OSPG	M	2,9	10,3	0,85	151	14,3			> - 2 SD
CLPG	F	2,9	11,7	0,94	140	13,2			
PSPG	F	3	11,3	0,94	145	12,8	> - 2 SD		
BNPG	M	3	11,2	0,89	135	14,1			
GAP2	F	3,3	13,6	1,02	154	13,1			
JSPG	M	3,3	17,9	0,99	147	18,3			
MLP1	M	3,9	13,6	0,98	155	14,2			
ILP1	M	3,9	13,6	0,99	140	13,9			
MLPG	F	4	13,5	0,96	148	14,6			
MKP2	M	4	15,8	1,07	155	13,8			
AYP1	M	4,1	14,1	1,04	142	13			
SNP1	M	4,1	10,8	0,95	125	12	> - 3 SD		> - 2 SD
AEP1	F	4,2	16,8	1,08	158	14,4			
JNP1	F	4,2	14,1	1,06	142	12,5	> - 2 SD		
GTP1	M	4,2	13,1	1	140	13,1			
MAP2	F	4,3	15,4	1,05	164	14			
EKP2	M	4,3	16,6	1,05	158	15,1			
JAP2	M	4,4	13,6	0,99	154	13,9			
LAP2	M	4,4	17,5	1,06	172	15,6			
PAP2	F	4,9	15,9	1,08	153	13,6			
HNP2	M	5	17,9	1,08	148	15,3			
DIP1	M	5	16,8	1,09	170	14,1			
HNG1	M	5	16,8	1,05	179	15,2			
ELP2	M	5,2	13,4	1,03	145	12,6		> - 2 SD	
BNP2	M	5,3	16,2	1,07	152	14,1			
RNG1	M	5,5	16,2	1,13	160	12,7		> - 2 SD	
TIG1	F	5,6	17,4	1,14	163	13,4			
ICG2	M	5,7	18	1,15	167	13,6			
AIP2	M	5,8	20,2	1,14	174	15,5			
PLG1	M	5,8	17	1,06	177	15,1			
MIG1	F	5,9	16,5	1,15	146	12,5		> - 2 SD	
AXG1	M	6	17,7	1,15	170	13,4			
EDG1	M	6	20,2	1,17	160	14,8			
ICG1	M	6	19,5	1,17	164	14,2			
RDG1	M	6,2	19,3	1,15	161	14,6			

Tabelle A.2b Ergebnisse der anthropometrischen Bestandsanalyse (grün: normaler Ernährungszustand; gelb: Gefahr einer Mangelernährung; F = weiblich; M = männlich) (eigene Darstellung)

Kind	Geschlecht	Alter (Jahre)	Gewicht (kg)	Körperlänge/-größe (m)	MUAC (mm)	BMI (kg/m2)	Weight-for-Hight (SD Abweichung vom Median ab +/- 2)	BMI (SD Abweichung vom Median ab +/- 2)	Length/Hight-for-Age (SD Abweichung vom Median ab +/- 2)
ELG1	M	6,3	15,9	1,12	157	12,7		> - 2 SD	
MZG1	M	6,3	20,5	1,26	165	12,9		> - 2 SD	
PAG2	F	6,4	27,1	1,37	190	14,4			> + 3 SD
SAG2	F	6,4	17,3	1,2	149	12		> - 2 SD	
MDG2	F	6,6	18,9	1,17	140	13,8			
JMG1	M	6,7	24,7	1,21	205	16,9			
TAG2	F	6,8	20,9	1,26	170	13,2			
AAG3	F	6,8	24,6	1,27	165	15,3			> + 2 SD
SIG1	M	6,9	15,9	1,13	157	12,5		> - 2 SD	
LEG2	M	6,9	20,9	1,21	178	14,3			
DSG1	F	7	26,9	1,29	199	16,2			
FAG1	F	7	16,3	1,13	165	12,8			
IYG1	F	7	23,4	1,22	188	15,7			
ALG2	F	7	15,2	1,09	157	12,8			> - 2 SD
ERG3	F	7	20,9	1,17	149	15,3			
ALG4	F	7	20,9	1,25	161	13,4			
AYG1	M	7	21,1	1,2	181	14,7			
CNG1	M	7	19,3	1,19	185	13,6			
HNG1	M	7	20,7	1,24	158	13,5			
DAG5	F	7,1	16,3	1,14	150	12,5		> - 2 SD	
ERG6	F	7,2	19,8	1,17	189	14,5			
JLG1	F	7,3	30,9	1,34	210	17,2			
JAG2	M	7,3	22,6	1,27	180	14			
ANG2	M	7,5	30,8	1,37	200	16,4			> + 2 SD
SAG2	F	7,6	19,5	1,28	156	11,9		> - 2 SD	
AAG3	F	7,6	33,7	1,41	205	17			
TAG3	F	7,7	22,7	1,21	180	15,5			
PEG2	F	7,8	25,2	1,29	178	15,1			
BDG2	M	8	23,9	1,26	184	15,1			
PPG4	M	8	26,7	1,38	175	14			
RNG4	M	8	30,2	1,32	197	17,3			
CSG1	M	8,1	19,3	1,24	185	12,6		> - 2 SD	
DSG3	M	8,1	24,7	1,26	167	15,6			
SNG2	F	8,2	26,4	1,33	186	14,9			
ELG2	M	8,2	19,1	1,22	152	12,8		> - 2 SD	
CNG3	M	8,3	22,6	1,21	179	15,4			
MMG3	F	8,4	20,4	1,27	148	12,6		> - 2 SD	
SBG2	M	8,4	21,9	1,23	185	14,5			
RAG3	M	8,6	28,4	1,37	182	15,1			
AAG3	F	8,7	31,4	1,34	214	17,5			
KNG3	M	8,8	30	1,35	190	16,5			
SNG3	M	8,8	34,4	1,32	160	19,7			
VEG5	F	8,9	35	1,38	212	18,4			
SAG3	F	9	24,8	1,27	184	15,4			

Tabelle A.2c Ergebnisse der anthropometrischen Bestandsanalyse (grün: normaler Ernährungszustand; gelb: Gefahr einer Mangelernährung; F = weiblich; M = männlich) (eigene Darstellung)

Kind	Geschlecht	Alter (Jahre)	Gewicht (kg)	Körperlänge/-größe (m)	MUAC (mm)	BMI (kg/m2)	Weight-for-Hight (SD Abweichung vom Median ab +/- 2)	BMI (SD Abweichung vom Median ab +/- 2)	Length/Hight-for-Age (SD Abweichung vom Median ab +/- 2)
DHG4	F	9	31,3	1,39	185	16,2			
GAG4	F	9	34,6	1,41	204	17,4			
PSG4	F	9	34,6	1,41	204	17,4			
CNG4	M	9	38	1,44	225	18,3			
HIG4	M	9	27,8	1,32	181	16			
SNG4	M	9	27,4	1,35	195	15			
PKG5	M	9	25,3	1,25	192	16,2			
ANG3	F	9,1	24,7	1,31	194	14,4			
PSG5	F	9,4	30,6	1,35	195	16,8			
HHG3	F	9,7	24,8	1,32	170	14,2			
GEG5	F	9,8	40	1,3	232	23,7		> + 2 SD	
NNG3	M	9,8	37,2	1,35	242	20,4			
MAG4	F	10	27,3	1,39	184	14,1			
SEG3	M	10	25,7	1,34	180	14,3			
ANG4	M	10	42	1,45	225	20			
IAG4	M	10	34,8	1,47	193	16,1			
NOG4	M	10	25,8	1,25	175	16,5			
NAG1	F	10,1	21,3	1,21	173	14,5			> - 2 SD
HAG5	F	10,1	29,5	1,38	183	15,5			
MAG2	F	10,2	27,4	1,27	194	17			
AAG4	F	10,2	28,8	1,34	174	16			
AIG5	M	10,2	26,9	1,37	180	14,3			
MYG3	F	10,3	45,5	1,45	240	21,6			
MUG4	F	10,5	31,9	1,48	178	14,6			
SRG5	M	10,5	24,6	1,32	180	14,1			
MIG5	F	10,6	40	1,56	204	16,4			
JEG6	F	10,6	34	1,44	203	16,4			
CNG5	M	10,7	34,2	1,4	188	17,4			
PHG6	F	10,8	24,4	1,29	173	14,7			> - 2 SD
EAG5	M	10,8	29,3	1,31	188	17,1			
MDG7	M	10,8	28,6	1,42	177	14,2			
FHG6	F	10,9	37,7	1,47	224	17,4			
IAG5	F	11	35,5	1,44	202	17,1			
IDG5	F	11,1	41,3	1,39	230	21,4			
LSG6	F	11,3	37,8	1,41	237	19			
LRG7	F	11,4	51	1,54	238	21,5			
FAG6	F	11,5	31,4	1,39	195	16,3			
CEG5	F	11,8	46,8	1,52	230	20,3			
ERG5	F	11,8	27,6	1,3	187	16,3			> - 2 SD
MTG6	F	11,8	32,5	1,39	215	16,8			
HNG6	M	11,9	36,2	1,39	233	18,7			
VRG6	M	11,9	30,1	1,34	203	16,8			> - 2 SD
FHG5	F	12	30,6	1,5	200	13,6		> - 2 SD	
IYG5	F	12	38,4	1,57	222	15,6			

Tabelle A.2d Ergebnisse der anthropometrischen Bestandsanalyse (grün: normaler Ernährungszustand; gelb: Gefahr einer Mangelernährung; F = weiblich; M = männlich) (eigene Darstellung)

Kind	Geschlecht	Alter (Jahre)	Gewicht (kg)	Körperlänge/-größe (m)	MUAC (mm)	BMI (kg/m2)	Weight-for-Hight (SD Abweichung vom Median ab +/- 2)	BMI (SD Abweichung vom Median ab +/- 2)	Length/Hight-for-Age (SD Abweichung vom Median ab +/- 2)
JAG6	F	12	45,1	1,58	223	18,1			
VAG7	F	12	42,2	1,59	200	16,7			
KNG4	M	12	33,4	1,37	205	17,8			
FSG5	M	12	30,8	1,47	192	14,3			> - 2 SD
AYG6	M	12	46,5	1,59	245	18,4			
ESG6	M	12,1	36,4	1,44	200	17,6			
SNG6	M	12,1	48,5	1,64	226	18			
DIG7	F	12,2	29,9	1,35	188	16,4			> - 2 SD
ILG7	M	12,2	33,2	1,48	199	15,2			
RAG5	F	12,7	39,2	1,46	223	18,4			
MIG7	M	12,8	39,3	1,47	230	18,2			
AAG8	F	12,9	41,9	1,47	235	19,4			
DDG8	M	12,9	40,1	1,55	198	16,7			
AHG7	F	13	45,2	1,45	250	21,5			
JEG7	M	13	36,5	1,46	204	17,1			
WRG7	M	13,1	39,3	1,48	222	17,9			
DAG8	F	13,2	59,6	1,68	246	21,1			
VAG7	F	13,3	41	1,52	230	17,7			
WMG8	M	13,3	35	1,49	195	15,8			> - 2 SD
RDG7	M	13,5	39,3	1,47	220	18,2			
MAG6	F	13,6	45,2	1,44	234	21,8			> - 2 SD
GNG6	M	13,6	41,5	1,63	208	15,6			
LAG8	F	13,9	52,4	1,52	243	22,7			
ASG7	F	13,9	38,1	1,58	225	15,3			> - 2 SD
JAG7	M	13,9	38,6	1,47	210	17,9			
JAG8	M	14,1	46,7	1,65	222	17,2			
MLG8	M	14,1	38,6	1,48	198	17,6			
VAG6	F	14,2	46,8	1,48	234	21,4			
NYG5	F	14,3	39,5	1,44	204	19			> - 2 SD
HAG8	F	14,6	45,3	1,57	205	18,4			
MAG7	F	14,7	48,6	1,69	225	17			
MIG7	F	14,7	52,4	1,63	222	19,7			
CSG8	M	14,7	51,8	1,67	225	18,6			
ASG8	F	14,8	51	1,61	225	19,7			
RNG8	M	14,8	53,8	1,62	253	20,5			
IAG7	M	14,8	46,8	1,65	220	17,2			
DIG8	M	15,1	51,1	1,72	229	17,3			
CEG8	F	15,4	55,8	1,72	240	18,9			
YEG8	F	15,7	51,5	1,56	245	21,2			
JNG8	M	15,9	50,7	1,67	260	18,2			
SIG8	M	16	49,9	1,74	210	16,5			
PRG8	M	16,3	52,2	1,66	246	18,9			
BAG8	F	16,8	38,4	1,48	198	17,5			> - 2 SD

Anhang IV: Verteilung der erhobenen Werte (Körperlänge/-größe zu Alter, 0–5 Jahre)

Siehe Abbildung A.2–A.3

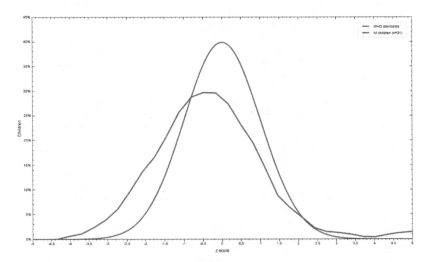

Abbildung A.2 Verteilung der erhobenen Werte für Length/Height-for-Age, Kinder bis zum fünften Lebensjahr. Einordnung der erhobenen Werte zu den WHO Growth Reference (eigene Darstellung, erstellt mit WHO Anthro Software v 3.2.2)

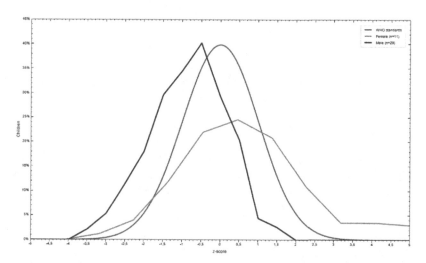

Abbildung A.3 Verteilung der erhobenen Werte für Length/Height-for-Age, Kinder bis zum fünften Lebensjahr, unterteilt nach Geschlecht. Einordnung der erhobenen Werte zu den WHO Growth Reference (eigene Darstellung, erstellt mit WHO Anthro Software v 3.2.2)

Anhang V: Verteilung der erhobenen Werte (Gewicht zu Körperlänge/-größe, 0–5 Jahre)

Siehe Abbildung A.4–A.5

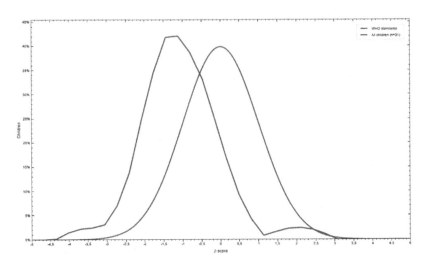

Abbildung A.4 Verteilung der erhobenen Werte für Weight-for-length/height der Kinder bis zum fünften Lebensjahr. Einordnung der erhobenen Werte zu den WHO Growth Reference (eigene Darstellung, erstellt mit WHO Anthro Software v 3.2.2)

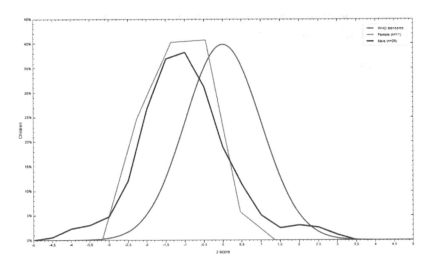

Abbildung A.5 Verteilung der erhobenen Werte für Weight-for-length/height, Kinder bis zum fünften Lebensjahr, unterteilt nach Geschlecht. Einordnung der erhobenen Werte zu den WHO Growth Reference (eigene Darstellung, erstellt mit WHO Anthro Software v3.2.2)

Anhang VI: Bilder zur anthropometrischen und klinischen Bestandserhebung

Siehe Abbildung A.6–A.12

Abbildung A.6 Messlatte und Körperwaage zur Ermittlung von Körpergröße und Körpergewicht (eigene Aufnahme)

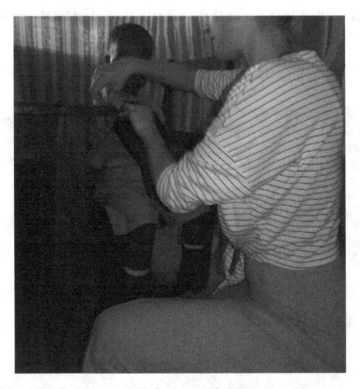

Abbildung A.7 Ermittlung des MUAC (eigene Aufnahme)

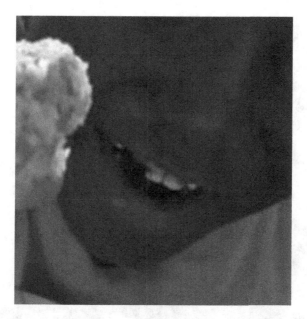

Abbildung A.8 Junge mit sichtbarem Karies der Schneidezähne I (eigene Aufnahme)

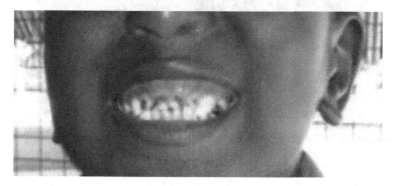

Abbildung A.9 Junge mit sichtbarem Karies der Schneidezähne II (eigene Aufnahme)

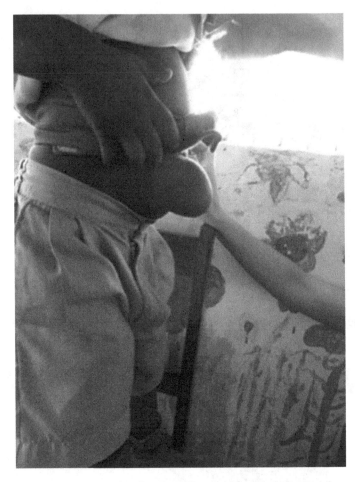

Abbildung A.10 Junge mit einer Bauchnabelhernie (eigene Aufnahme)

Abbildung A.11 Provisorische Versorgung der Nabelhernie I (eigene Aufnahme)

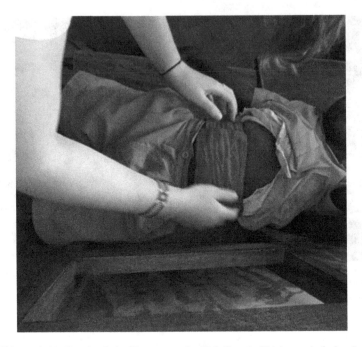

Abbildung A.12 Provisorische Versorgung der Nabelhernie II (eigene Aufnahme)

Anhang VII: Ernährungserhebungen und Speisen

Siehe Abbildung A.13–A.21

Abbildung A.13 Verpackung des mit Nährstoffen angereicherten Ugali-Mehls (eigene Aufnahme)

Abbildung A.14 Zubereitung von Ugali in der Schulküche (eigene Aufnahme)

Abbildung A.15   Verpackung des Porridge-Mix (eigene Aufnahme)

Abbildung A.16 Ausgabe der Porridge-Speise an die Schulkinder (eigene Aufnahme)

Abbildung A.17 Mittagsmahlzeit II – Mais, Bohnen und Kartoffeln (eigene Aufnahme)

Abbildung A.18 Mittagsmahlzeit III – Reis mit Kidneybohnen (eigene Aufnahme)

Abbildung A.19 Mittagsmahlzeit IV: Reis mit Mungobohnen (eigene Aufnahme)

Abbildung A.20 Mittagsmahlzeit V – Ugali mit Muchacha (eigene Aufnahme)

Abbildung A.21 Junger Moringa Oleifera Baum in der schuleigenen Farm (eigene Aufnahme)

Anhang VIII: Nährstoffzusammensetzungen der einzelnen Speisen

Siehe Tabelle A.3–A.7

Tabelle A.3 Zusammensetzung und Nährstoffanalyse des Porridges (eigene Darstellung, erstellt mit Ebis pro)

Lebensmittel	Menge	Energie	Protein	Fett	Kohlenhydrate	Vitamin A	Vitamin B1	Niacin	Folsäure	Vitamin B12	Vitamin C	Calcium	Eisen	Zink	Fluorid	Jodid
	g	kcal	g	g	g	µg	mg	mg	µg	µg	mg	mg	mg	mg	µg	µg
Hirse Mehl	2500	8568,4	145	42,5	1871,3	0	6,3	40	375	0	0	1000	150	25	750	50
Weizen Mehl	1500	5184	159	17	1080	0	1,6	7,5	240	0	0	255	15	11,7	750	10,5
Mais Mehl	1000	3451,2	88	11	737,6	440	1,3	12	50	0	0	40	10	4,1	600	25
Zucker	1500	6083,9	0	0	1497	0	0	0	0	0	0	15	4,3	0,3	0	0
Trinkwasser	25000	0	0	0	0	0	0	0	0	0	0	1750	0,5	0,8	4000	75
Summe:	31500	23287,5	392	70,5	5185,8	440	9,2	59,5	665	0	0	3060	179,9	41,9	6100	160,5

Tabelle A.4 Zusammensetzung und Nährstoffanalyse der Reis-Kartoffel-Speise vom 04.03.2019. Die Tabelle stellt ein Zehntel des Rezeptes dar (eigene Darstellung, erstellt mit Ebis pro)

Lebensmittel	Menge g	Energie kcal	Protein g	Fett g	Kohlenhydrate g	Vitamin A µg	Vitamin B1 mg	Niacin mg	Folsäure µg	Vitamin B12 µg	Vitamin C mg	Calcium mg	Eisen mg	Zink mg	Fluorid µg	Jodid µg
Reis roh	2000	7041,1	155,6	44	1481,2	0	8,2	104	440	0	0	320	63,4	39,9	800	44
Kartoffeln geschält roh	1500	1100,6	29,1	0,2	234,2	15	1,2	18,3	225	0	281,4	135	13,3	6,3	150	51
Zwiebeln roh	80	22,2	0,9	0,2	3,9	0,8	0	0,2	8,8	0	5,9	17,6	0,2	0,1	33,6	1,4
jodiertes Speisesalz	13	0	0	0	0	0	0	0	0	0	0	32,5	0	0	6,5	5850
Tomatenmark	40	15,1	0,9	0,2	2,2	82,8	0	0,6	21,6	0	3,6	24	0,4	0,2	11,6	0,9
Trinkwasser	5000	0	0	0	0	0	0	0	0	0	0	350	0,1	0,2	800	15
Moringablätter frisch roh	100	150,1	9,4	1,4	8,3	2269	0,3	2,2		0	51,7	185	4	0,6		
Palmöl	15	132,6	0	150	0	5325	0	0	0	0	0	1,5	0	0	0	0
Sonnenblumenöl	15	132,6	0	150	0	6	0	0	0	0	0	1,5	0,1	0,1	0	0
Weizenkeimöl	10	88,4	0	100	0	0	0	0	0	0	0	1	0,1	3,8	0	0
Summe:		8682	196	446	1729,9	7698,6	9,7	125,3	695,4	0	342,6	1068,1	81,7	51,3	1801,7	5962,3

Tabelle A.5 Zusammensetzung und Nährstoffanalyse der Ugali-Bohnen-Speise vom 05.03.2019. Die Tabelle stellt ein Zehntel des Rezeptes dar (eigene Darstellung, erstellt mit Ebis pro)

Lebensmittel	Menge	Energie	Protein	Fett	Kohlenhydrate	Vitamin A	Vitamin B1	Niacin	Folsäure	Vitamin B12	Vitamin C	Calcium	Eisen	Zink	Fluorid	Jodid
	g	kcal	g	g	g	µg	mg	mg	µg	µg	mg	mg	mg	mg	µg	µg
Kidney-Bohnen getrocknet	1000	2755,7	242,4	15,3	400,3	20	6,4	21,9	1600	0	39,5	1100	70,2	32,9	130	11
Tomate rot roh	148	25,8	1,4	0,3	3,8	146,5	0,1	0,8	48,8	0	28,5	13,3	0,5	0,1	35,5	1,6
Trinkwasser	6000	0	0	0	0	0	0	0	0	0	0	420	0,1	0,2	960	18
Palmöl	20	176,9	0	20	0	710	0	0	0	0	0	0,2	0	0	0	0
Sonnenblumenöl	15	132,6	0	15	0	0,6	0	0	0	0	0	0,2	0	0	0	0
Maiskeimöl	15	132,6	0	15	0	3,5	0	0	0	0	0	2,3	0,2	0,6	0	0
Moringablätter frisch roh	100	150,1	9,4	1,4	8,3	2269	0,3	2,2		0	51,7	185	4			
Maisgries (Ugali, Kenya)	3000	10353,7	264	33	2214	15000	90	447	18000	210		120	630	990	1800	75
Zwiebeln roh	90	25	1,1	0,2	4,4	0,9	0	0,2	9,9	0	6,7	19,8	0,2	0,2	37,8	1,6
jodiertes Speisesalz	13	0	0	0	0	0	0	0	0	0	0	32,5	0	0	6,5	5850
Summe:		13752,5	518,2	100,3	2630,8	18150,5	96,8	472,1	19658,7	210	126,3	1893,2	705,2	1024	2969,8	5957,2

Tabelle A.6 Zusammensetzung und Nährstoffanalyse der Mais-Bohnen-Kartoffel-Speise vom 06.03.2019. Die Tabelle stellt ein Zehntel des Rezeptes dar (eigene Darstellung, erstellt mit Ebis pro)

Lebensmittel	Menge	Energie	Protein	Fett	Cohlenhydrat	Vitamin A	Vitamin B1	Niacin	Folsäure	Vitamin B12	Vitamin C	Calcium	Eisen	Zink	Fluorid	Jodid
	g	kcal	g	g	g	µg	mg	mg	µg	µg	mg	mg	mg	mg	µg	µg
Kartoffeln geschält roh	1300	953,9	25,2	0,2	203	13	1	15,9	195	0	243,9	117	11,6	5,5	130	44,2
Zwiebeln roh	70	19,4	0,8	0,2	3,4	0,7	0	0,1	7,7	0	5,2	15,4	0,2	0,1	29,4	1,3
Tomatenmark	40	15,1	0,9	0,2	2,2	82,8	0	0,6	21,6	0	3,6	24	0,4	0,2	11,6	0,9
jodiertes Speisesalz	13	0	0	0	0	0	0	0	0	0	0	32,5	0	0	6,5	5850
Moringablätter frisch roh	100	150,1	9,4	1,4	8,3	2269	0,3	2,2		0	51,7	185	4	0,6		
Palmöl	15	132,6	0	15	0	532,5	0	0	0	0	0	0,2	0	0	0	0
Sonnenblumenöl	10	88,4	0	10	0	0,4	0	0	0	0	0	0,1	0	0	0	0
Maiskeimöl	15	132,6	0	15	0	3,5	0	0	0	0	0	2,3	0,2	0	0	0
Kidney-Bohnen getrocknet	1100	3031,3	266,6	16,9	440,3	22	7,1	24,1	1760	0	43,4	1210	77,2	36,2	143	12,1
Mais Vollkorn roh	1000	3293,5	86,6	38	641,5	1540	3,6	15	260	0	0	80	15	14,8	430	26
Trinkwasser	4000	0	0	0	0	0	0	0	0	0	0	280	0,1	0,1	640	12
Summe:		7817	389,5	96,8	1298,8	4463,8	12	57,9	2244,3	0	347,8	1946,4	108,6	57,6	1390,5	5946,4

Tabelle A.7 Zusammensetzung und Nährstoffanalyse der Reis-Mungobohnen-Speise vom 07.03.2019. Die Tabelle stellt ein Zehntel des Rezeptes dar (eigene Darstellung, erstellt mit Ebis pro)

Lebensmittel	Menge	Energie	Protein	Fett	Kohlenhydrate	Vitamin A	Vitamin B1	Niacin	Folsäure	Vitamin B12	Vitamin C	Calcium	Eisen	Zink	Fluorid	Jodid
	g	kcal	g	g	g	µg	mg	mg	µg	µg	mg	mg	mg	mg	µg	µg
Trinkwasser	5000	0	0	0	0	0	0	0	0	0	0	350	0,1	0,2	800	15
Mungobohnen reif roh	1000	2739	231	12	415	60	4,9	23	1400	0	30	900	67,5	18,5	500	70
Reis roh	2000	7041,1	155,6	44	1481,2	0	8,2	104	440	0	0	320	63,4	39,9	800	44
Zwiebeln roh	60	16,6	0,7	0,2	3	0,6	0	0,1	6,6	0	4,4	13,2	0,1	0,1	25,2	1,1
Palmöl	15	132,6	0	15	0	532,5	0	0	0	0	0	0,2	0	0	0	0
Weizenkeimöl	10	88,4	0	10	0	0	0	0	0	0	0	0,1	0	0,4	0	0
Maiskeimöl	15	132,6	0	15	0	3,5	0	0	0	0	0	2,3	0,2	0	0	0
Moringablätter frisch roh	100	150,1	9,4	1,4	8,3	2269	0,3	2,2		0	51,7	185	4	0,6		
jodiertes Speisesalz	13	0	0	0	0	0	0	0	0	0	0	32,5	0	0	6,5	5850
Summe:		10300,6	396,7	97,6	1907,4	2865,6	13,4	129,3	1846,6	0	86,1	1803,2	135,4	59,6	2131,7	5980,1

Danksagung

Als erstes möchte ich mich bei Prof. Dr. Joachim Gardemann für die außerordentlich gute Betreuung während meines Kenia-Aufenthaltes und während der Erstellung dieser Arbeit bedanken. Auch Dipl.-oectoph. Alwine Kraatz möchte ich für die Übernahme der Zweitkorrektur danken.

Ein weiterer Dank gilt dem Verein Lebensblume e. V., insbesondere Christina Missong und Susanne Reich sowie allen Angestellten, Köchinnen und Lehrkräften der Diani Montessory Academy, da sie uns bei der Studie in Kenia stets unterstützend zur Seite standen und die Durchführung überhaupt erst ermöglicht haben. Meiner Kommilitonin und Forschungspartnerin Patricia Pawelzik gebührt ebenfalls ein großer Dank für die Zusammenarbeit.

Weiterhin danke ich Dr. Dipl. oec. troph. Maria Bullermann-Benend für den Kontakt zu Lebensblume e. V. sowie auch dem Rotary Club Cloppenburg-Quakenbrück für die finanzielle Unterstützung.

Nur mit Hilfe all dieser Personen war es mir erst möglich, diese Arbeit durchzuführen. Vielen Dank!

Literaturverzeichnis

Agenzia Fides, 2019. *AFRIKA/KENIA – Über eine Million Menschen von Dürre betroffen: Bischöfe bitten um Hilfsmittel – Agenzia Fides.* [online] Available at: <http://www.fides.org/de/news/65765-AFRIKA_KENIA_Ueber_eine_Million_Men schen_von_Duerre_betroffen_Bischoefe_bitten_um_Hilfsmittel> [Accessed 26 Jun. 2019].

Aktion Deutschland Hilft e. V., 2019. *Infografik über den weltweiten Hunger. Aktion Deutschland Hilft.* [online] Available at: <https://www.aktion-deutschland-hilft.de/de/ fachthemen/natur-humanitaere-katastrophen/hungersnoete/infografik-hunger-weltweit/> [Accessed 24 Jun. 2019].

Alexy, U. and Kalhoff, H., 2012. Nährstoffe und andere Nahrungsbestandteile. In: T. Reinehr, M. Kersting, A. van Teeffelen-Heithoff and K. Widhalm, eds., *Pädiatrische Ernährungsmedizin. Grundlagen und praktische Anwendung.*, 1st ed. Stuttgart: Schattauer, pp.8–24.

Ärzte ohne Grenzen –Médecins Sans Frontières österreichische Sektion, 2019. *MUAC-Band.* [online] Available at: <https://www.aerzte-ohne-grenzen.at/muac-band> [Accessed 1 Jun. 2019].

Ärzte ohne Grenzen - Médecins Sans Frontières österreichische Sektion, n.d. *Das MUAC-Band.*

Auswärtiges Amt, 2017a. *Kenia: Staatsaufbau und Innenpolitik – Auswärtiges Amt.* [online] Available at: <https://www.auswaertiges-amt.de/de/aussenpolitik/laender/kenia-node/innenpolitik/208078> [Accessed 12 Jun. 2019].

Auswärtiges Amt, 2017b. *Kenia: Überblick – Auswärtiges Amt.* [online] Available at: <https://www.auswaertiges-amt.de/de/aussenpolitik/laender/kenia-node/kenia/208042?openAccordionId=item-208054-1-panel> [Accessed 12 Jun. 2019].

BMZ (Bundesministerium für wirtschaftliche Zusammenarbeit und Entwicklung), 2019. *Afrika südlich der Sahara – Kenia.* [online] Available at: <http://www.bmz.de/de/lae nder_regionen/subsahara/kenia/index.jsp#section-30633192> [Accessed 13 Jun. 2019].

© Der/die Herausgeber bzw. der/die Autor(en), exklusiv lizenziert durch Springer Fachmedien Wiesbaden GmbH, ein Teil von Springer Nature 2020
C. Niers, *Ernährungszustand und Schulverpflegung in Kenia*, Forschungsreihe der FH Münster, https://doi.org/10.1007/978-3-658-31685-3

Bandsma, R.H.J., Spoelstra, M.N., Mari, A., Mendel, M., Van Rheenen, P.F., Senga, E., Van Dijk, T. and Heikens, G.T., 2011. Impaired glucose absorption in children with severe malnutrition. *Journal of Pediatrics,* [e-journal] 158(2). http://dx.doi.org/10.1016/j.jpeds.2010.07.048.

Bechthold, A., 2016. Moringa: Sinn und Unsinn des 'Superfoods'. *Ernahrungs Umschau,* 11, pp.S 43–S46.

Berger, T., 2012. Bestimmung des Ernährungszustandes. In: T. Reinehr, M. Kersting, A. van Teeffelen-Heithoff and K. Widhalm, eds., *Pädiatrische Ernährungsmedizin. Grundlagen und praktische Anwendung.,* 1st ed. Stuttgart: Schattauer, pp.81–103.

Biesalski, H.K., 2013. *Der verborgene Hunger. Satt sein ist nicht genug.* Heidelberg: Springer Verlag.

Biesalski, H.K., 2018. *Verborgener Hunger.* In: H.K. Bieslaski, S.C. Bischoff, M. Pirlich and A. Weimann, eds., Ernährungsmedizin. Nach dem Curriculum Ernährungsmedizin der Bundesärztekammer., 5th ed. Stuttgart: Georg Thieme Verlag, pp.740–747.

Black, R.E., Allen, L.H., Bhutta, Z.A., Caulfield, L.E., de Onis, M., Ezzati, M., Mathers, C. and Rivera, J., 2008. Maternal and child undernutrition: global and regional exposures and health consequences. *The Lancet,* [e-journal] 371(9608), pp.243–260. http://dx.doi.org/10.1016/S0140-6736(07)61690-0.

BMEL (Bundesministerium für Ernährung und Landwirtschaft), 2016. *BMEL – Welternährung – Vereinte Nationen beschließen „Dekade der Ernährung";* [online] Available at: <https://www.bmel.de/DE/Landwirtschaft/Welternaehrung/_Texte/UN_Dekade_fuer_Ernaehrung2016_04.html> [Accessed 22 Jun. 2019].

Böhles, H., 2012. Erkrankungen durch Mangel oder Überschuss an Mikronährstoffen. In: T. Reinehr, M. Kersting, A. van Teeffelen-Heithoff and K. Widhalm, eds., *Pädiatrische Ernährungsmedizin. Grundlagen und praktische Anwendung.,* 1st ed. Stuttgart: Schattauer, pp.327–337.

Bonita, R., Beaglehole, R. and Kjellström, T., 2013. *Einführung in die Epidemiologie.* 3rd ed. Bern: Verlag Hans Huber.

Bourke, C.D., Berkley, J.A. and Prendergast, A.J., 2016. Immune Dysfunction as a Cause and Consequence of Malnutrition. Trends in Immunology, [e-journal] 37(6), pp.386–398. Available at: <http://dx.doi.org/10.1016/j.it.2016.04.003>.

Branca, F. and Ferrari, M., 2002. Impact of micronutrient deficiencies on growth: The stunting syndrome. Annals of Nutrition and Metabolism, [e-journal] 46(SUPPL. 1), pp.8–17. http://dx.doi.org/10.1159/000066397.

Brandt, S., Moß, A. and Wabitsch, M., 2012. Anthropometrie und Messung des Grundumsatzes. In: T. Reinehr, M. Kersting, A. van Teeffelen-Heithoff and K. Widhalm, eds., *Pädiatrische Ernährungsmedizin. Grundlagen und praktische Anwendung,* 1st ed. Stuttgart: Schattauer, pp.70–94.

Briend, A., Khara, T. and Dolan, C., 2015. Wasting and stunting-similarities and differences: Policy and programmatic implications. *Food and Nutrition Bulletin.* [e-journal] 36(1). http://dx.doi.org/10.1177/15648265150361S103.

Caulfield, L.E., Richard, S.A., Rivera, J.A., Musgrove, P. and Black, R.E., 2006. Stunting, Wasting, and Micronutrient Deficiency Disorders. In: *Disease Control Priorities in Developing Countries.* New York: Oxford University press.

Centers for Disease Control and Prevention (CDC) and World Food Programme (WFP), 2005. *A Manual: Measuring and Interpreting Malnutrition and Mortality.* Rome. [pdf] Available at: <https://www.unhcr.org/45f6abc92.pdf> [Accessed 26 Jun. 2019].

Deutsche Welthungerhilfe e. V., 2017. *Hunger in Afrika: Keine Entwarnung für die Menschen, die unter der Dürre leiden!* [online] Available at: <www.welthungerhilfe.de> [Accessed 26 Jun. 2019].

Developement Initiatives Poverty Research Ltd., 2018. Global Nutrition Report. Nutrition Country Profile: Kenya. [online] Available at: <https://globalnutritionreport.org/nutrit ion-profiles/africa/eastern-africa/kenya/>.

DGE (Deutsche Gesellschaft für Ernährung e. V.), 2019a. *Calcium.* [online] Available at: <https://www.dge.de/wissenschaft/referenzwerte/calcium/> [Accessed 10 Jul. 2019].

DGE (Deutsche Gesellschaft für Ernährung e. V.), 2019b. *Fluorid.* [online] Available at: <https://www.dge.de/wissenschaft/referenzwerte/fluorid/> [Accessed 10 Jul. 2019].

DGE (Deutsche Gesellschaft für Ernährung e. V.), 2019c. *Protein.* [online] Available at: <https://www.dge.de/wissenschaft/referenzwerte/protein/> [Accessed 8 Jul. 2019].

Döring, N. and Bortz, J., 2016. Forschungsmethoden und Evaluation in den Sozial- und Humanwissenschaften. 5th ed. Heidelberg: Springer.

Elmadfa, I. and Leitzmann, C., 2019. *Ernährung des Menschen.* 6th ed. Stuttgart: utb.

Ernährungsumschau, 2019. *Hinweise für Autoren.* [online] Available at: <https://www.ern aehrungs-umschau.de/fachzeitschrift/hinweise-fuer-autoren/> [Accessed 28 May 2019].

FAO (Food and Agriculture Organization of the United Nations), 1985. *Energy and protein requirements: Report of a Joint FAO/WHO/UNU Expert Consultation.* [pdf] Available at: <https://apps.who.int/iris/handle/10665/39527> [Accessed 28 May 2019].

FAO (Food and Agriculture Organization of the United Nations), 1997. *Carbohydrates in human nutrition. FAO Food and Nutrition Paper - 66. Report of a Joint FAO/WHO Expert Consultation.* [online] Available at: <http://www.fao.org/3/w8079e/w8079e00. htm> [Accessed 28 Jul. 2019].

FAO (Food and Agriculture Organization of the United Nations), 2001. Human energy requirements: Report of a Joint FAO/WHO/UNU Expert Consultation. Rom. [pdf] Available at: <https://pdfs.semanticscholar.org/23a2/2eb1a2a111a6731f0f00c68f3cd8c2 189256.pdf> [Accessed 28 Jul 2019].

FAO (Food and Agriculture Organization of the United Nations), 2008. Fats and fatty acids in human nutrition. Report of an expert consultation. Geneva. [pdf] Available at: <http://www.fao.org/3/a-i1953e.pdf> [Accessed 28 Jul 2019].

FAO (Food and Agriculture Organization of the United Nations), 2017. *Food Balance Sheets.* [online] Available at: <http://www.fao.org/faostat/en/#data/FBS> [Accessed 27 Jun. 2019].

FAO (Food and Agriculture Organization of the United Nations), 2019. Food and Agriculture Organization of the United Nations. [online] Available at: <http://www.fao.org/ home/en/> [Accessed 23 Jun. 2019].

FAO (Food and Agriculture Organization of the United Nations), UNICEF (United Nations Children's Fund) and WFP (World Food Programme), 2019. *Horn of Africa. A joint call for action before a major regional humanitarian crisis. Joint Position Paper.* [pdf] Available at: <https://reliefweb.int/sites/reliefweb.int/files/resources/HoA%20Joint% 20Position%20Paper%20FAO%20UNICEF%20WFP%20Final.pdf> [Accessed 27 Jun. 2019].

FAO (Food and Agriculture Organization of the United Nations), IFAD (International Fund and Agriculture Developement), UNICEF (United Nations Children's Fund), WFP (World Food Programme) and WHO (World Health Organization), 2018. *The State of Food Security and Nutrition in the World 2018. Building climate resilience for food security and nutrition.* Rome, FAO. [pdf] Available at: <http://www.fao.org/3/i95 53en/i9553en.pdf> [Accessed 27 Jun. 2019].

Gardemann, J., 2016. *Verliert die Oecotrophologie an notwendiger Interdisziplinarität? – VDOE-Blog.* [online] Available at: <https://blog.vdoe.de/verliert-die-oecotrophologie-an-interdisziplinaritaet/> [Accessed 13 Aug. 2019].

Gardemann, J., 2019. Persönliche Korrespondenz. Kompetenzzentrum Humanitäre Hilfe Münster, 29.03.2019.

GIZ (Deutsche Gesellschaft für Internationale Zusammenarbeit GmbH), 2017. *Strengthening the Health System in Kenya. Improving access to high-quality basic health services for the poor, workers in the informal sector and their families.* [online] Available at: <https://www.giz.de/en/worldwide/19798.html> [Accessed 13 Aug. 2019].

HarvestPlus, 2019. *HarvestPlus.* [online] Available at: <https://www.harvestplus.org/what-we-do/crops> [Accessed 21 Jun. 2019].

Hoffman, D., Cacciola, T., Barrios, P. and Simon, J., 2017. Temporal changes and determinants of childhood nutritional status in Kenya and Zambia. *Journal of health, population, and nutrition,* [e-journal] 36(1), p.27. https://doi.org/10.1186/s41043-017-0095-z.

Imdad, A. and Bhutta, Z.A., 2011. Effect of preventive zinc supplementation on linear growth in children under 5 years of age in developing countries: A meta-analysis of studies for input to the lives saved tool. *BMC Public Health,* [e-journal] 11(SUPPL. 3), p.S22. https://doi.org/10.1186/1471-2458-11-S3-S22.

Imdad, A. and Bhutta, Z.A., 2012a. Effects of calcium supplementation during pregnancy on maternal, fetal and birth outcomes. *Paediatric and perinatal epidemiology,* [e-journal] 26 Suppl 1, pp.138–52. https://doi.org/10.1111/j.1365-3016.2012.01274.x.

Imdad, A. and Bhutta, Z.A., 2012b. Routine iron/folate supplementation during pregnancy: Effect on maternal anaemia and birth outcomes. *Paediatric and Perinatal Epidemiology,* [e-journal] 26(SUPPL. 1), pp.168–177. https://doi.org/10.1111/j.1365-3016.2012. 01312.x.

Jakob, R., 2018. ICD-11 – Anpassung der ICD an das 21. Jahrhundert. Bundesgesundheitsblatt – Gesundheitsforschung - Gesundheitsschutz, [e-journal] 61(7), pp.771–777. https://doi.org/10.1007/s00103-018-2755-6.

Kennedy, G., Nantel, G. and Shetty, P., 2003. *The scourge of 'hidden hunger': global dimensions of micronutrient deficiencies.* [pdf] Available at: <https://nutrimatrix. uni-hohenheim.de/fileadmin/einrichtungen/nutrimatrix/Hidden_Hunger.pdf> 32, pp.1–7. [Accessed 27 Jun. 2019].

Kessler-Bodiang, C., 2009. HIV/Aids -weit mehr als ein Gesundheitsproblem. In: E. Hackenbruch, ed., *Go International! Handbuch zur Vorbereitung von Gesundheitsberufen auf die Entwicklungszusammenarbeit und humanitären Hilfe.*, 2nd ed., pp.239–251. Wiesbaden: Verlag Hans Huber.

KFSSG (Kenya Food Security Steering Group), 2019. *The 2019 long Rains Mid-Season Food and Nutrition Security Review Report.* [online] Available at: <https://reliefweb.int/sites/reliefweb.int/files/resources/2019Mid-season Assessment Report.pdf> [Accessed 27 Jun. 2019]. ·

KNBS (Kenya National Bureau of Statitics), 2019. Enhanced Food Balance Sheets for Kenya. 2014-2018 Results. [online] Available at: <https://www.knbs.or.ke/download/enhanced-food-balance-sheets-for-kenya-2014-2018-results/> [Accessed 27 Jul. 2019].

Krawinkel, M.-B., 2008. Erfassung des Ernährungsstatus. In: B. Rodeck and K.-P. Zimmer, eds., *Pädiatrische Gastroenterologie, Hepatologie und Ernährung.* Heidelberg: Springer Medizin Verlag, pp.6–10.

Krawinkel, M.-B., 2010. Ernährungsstörungen. In: T. Löscher and G.-D. Burchard, eds., *Tropenmedizin in Klinik und Praxis mit Reise- und Migrationsmedizin,* 4th ed, Stuttgart: Georg Thieme Verlag, pp.820–626.

Krawinkel, M.-B., 2018. Untergewicht und Hungerstoffwechsel. In: H.K. Biesalski, S.C. Bischoff, M. Pirlich and A. Weimann, eds., *Ernährungsmedizin. Nach dem Curriculum Ernährungsmedizin der Bundesärztekammer.*, 5th ed, Stuttgart: Georg Thieme Verlag, pp.728–739.

Kreienbrock, L., Pigeot, I. and Ahrens, W., 2012. *Epidemiologische Methoden.* 5th ed. Heidelberg: Springer-Verlag.

Löscher, T., Horstmann, R., Krüger, A. and Burchard, G.-D., 2010. Malaria. In: T. Löscher and G.-D. Burchard, eds., *Tropenmedizin in Klinik und Praxis mit Reise- und Migrationsmedizin,* 4th ed. Stuttgart: Georg Thieme Verlag, pp.554–596.

Mendeley, 2019. *Free Reference Manager; Citation Generator –* Mendeley. [online] Available at: <https://www.mendeley.com/reference-management/reference-manager/> [Accessed 28 May 2019].

Müllern, M.J. and Trautwein, E.A., 2005. *Gesundheit und Ernährung – Public Health Nutrition.* Stuttgart: utb.

NMCP (National Malaria Control Programme), 2016. *Kenya – Malaria Indicator Survey 2015.* [pdf] Available at: <https://dhsprogram.com/pubs/pdf/MIS22/MIS22.pdf> [Accessed 28 Jul 2019].

OCHA (United Nations Office for the Coordination of Humanitarian Affairs), 2019. *Horn of Africa: Drought Snapshot.* [online] Available at: <https://reliefweb.int/sites/reliefweb.int/files/resources/HoA_Humanitarian_Snapshot_21June2019f.pdf> [Accessed 27 Jun. 2019].

Özaltin, E., Hill, K. and Subramanian, S. V., 2010. Association of maternal stature with offspring mortality, underweight, and stunting in low- to middle-income countries. *JAMA - Journal of the American Medical Association,* [e-journal] 303(15), pp.1507–1516. https://doi.org/10.1001/jama.2010.450.

Pirlich, M. and Norman, K., 2018. Bestimmung des Ernährungszustands (inkl. Bestimmung des Körperzusammensetzung und ernährungsmedizinisches Screening). In: H.K. Bieslaski, S.C. Bischoff, M. Pirlich and A. Weimann, eds., *Ernährungsmedizin. Nach dem Curriculum Ernährungsmedizin der Bundesärztekammer.*, 5th ed. Stuttgart: Georg Thieme Verlag, pp.450–468.

Prendergast, A.J. and Humphrey, J.H., 2014. The stunting syndrome in developing countries. *Paediatrics and international child health* [e-journal], 34(4), p.250–265. https://doi.org/10.1179/2046905514Y.0000000158.

Projekt Lebensblume e. V., 2019. Diani-Montessori Academy (Bildungszentrum) | Projekt Lebensblume: hilf mir, es selbst zu tun. [online] Available at: <http://www.projekt-leb ensblume.de/?cat=29> [Accessed 17 Jun. 2019].

Reinehr, T., 2008. Adipositas. In: B. Rodeck and K.-P. Zimmer, eds., *Pädiatrische Gastroenterologie, Hepatologie und Ernährung*. Heidelberg: Springer Medizin Verlag, pp.527–533.

Reinehr, T., 2012. Adipositas. In: T. Reinehr, M. Kersting, A. van Teeffelen-Heithoff and K. Widhalm, eds., *Pädiatrische Ernährungsmedizin. Grundlagen und praktische Anwendung*. Stuttgart: Schattauer, pp.295–312.

ReliefWeb, 2019. *Kenya: Drought - 2014-2019* | ReliefWeb. [online] Available at: <https://reliefweb.int/disaster/dr-2014-000131-ken> [Accessed 27 Jun. 2019].

Schroeder, D.G., 2008. Malnutrition. In: R.D. Semba and M.W. Bloem, eds., *Nutrition and Health in Developing Countries. Nutrition and Health Series,* 2nd ed. Totowa: Humana Press [e-journal]. pp 341–376. https://doi.org/10.1007/978-1-59745-464-3_12.

Sejdini, M., Meqa, K., Berisha, N., Çitaku, E., Aliu, N., Krasniqi, S. and Salihu, S., 2018. The Effect of Ca and Mg Concentrations and Quantity and Their Correlation with Caries Intensity in School-Age Children. *International Journal of Dentistry* [e-journal] https://doi.org/10.1155/2018/2759040.

Shekhar, C., 2013. Hidden hunger: Addressing micronutrient deficiencies using improved crop varieties. *Chemistry and Biology*, [e-journal] 20(11), pp.1305–1306. http://dx.doi.org/10.1016/j.chembiol.2013.11.003.

Spoelstra, M.N., Mari, A., Mendel, M., Senga, E., Van Rheenen, P., Van Dijk, T.H., Reijngoud, D.J., Zegers, R.G.T., Heikens, G.T. and Bandsma, R.H.J., 2012. Kwashiorkor and marasmus are both associated with impaired glucose clearance related to pancreatic β-cell dysfunction. *Metabolism: Clinical and Experimental*, [e-journal] 61(9), pp.1224–1230. http://dx.doi.org/10.1016/j.metabol.2012.01.019.

Standop, E. and Meyer, M., 2008. *Die Form der wissenschaftlichen Arbeit. Grundlagen, Technik und Praxis für Schule, Studium und Beruf*. 18th ed. Wiebelsheim: Quelle & Meyer.

Sultana, M., Sheikh, N., Mahumud, R.A., Jahir, T., Islam, Z. and Sarker, A.R., 2017. Prevalence and associated determinants of malaria parasites among Kenyan children. *Tropical Medicine and Health*, [e-journal] 45(1), pp.1–9. http://dx.doi.org/10.1186/s41 182-017-0066-5.

The Sphere Project, 2011. *Humanitäre Charta und Mindeststandards in der humanitären Hilfe*. 3rd ed. Bonn: Köllen.

Theisen, M.R., 2017. *Wissenschaftliches Arbeiten. Erfolgreich bei Bachelor- und Masterarbeiten*. München: Vahlen.

UNAIDS, 2018. *UNAIDS Data 2018*. Available at: <https://www.unaids.org/sites/default/files/media_asset/unaids-data-2018_en.pdf>. [Accessed 13 Jul. 2019].

UNDP (United Nations Developement Programme), 2018a. *Human Development Reports. Germany, Human Developement Indicators*. [online]. Available at: <http://hdr.undp.org/en/countries/profiles/DEU> [Accessed 13 Jun. 2019].

UNDP (United Nations Developement Programme), 2018b. *Human Development Reports. Kenya, Human Developement Indicators*. [online] Human Developement Indicators. Available at: <http://hdr.undp.org/en/countries/profiles/KEN> [Accessed 12 Jun. 2019].

UNICEF (United Nations Children's Fund), 2004. *Zur Situation der Kinder der Welt.* Frankfurt: Fischer.

UNICEF (United Nations Children's Fund), 2015. *Severe acute malnutrition | Nutrition | UNICEF.* [online] Available at: <https://www.unicef.org/nutrition/index_sam.html> [Accessed 22 Jun. 2019].

UNICEF (United Nations Children's Fund), 2019a. UNICEF – Nutrition. [online] Available at: <https://www.unicef.org/nutrition/> [Accessed 14 Aug. 2019].

UNICEF (United Nations Children's Fund), 2019b. *The faces of malnutrition | Nutrition | UNICEF.* [online] Available at: <https://www.unicef.org/nutrition/index_faces-of-mal nutrition.html> [Accessed 14 Aug. 2019].

UNICEF (United Nations Children's Fund), 2019c. Measuring Mid-Upper Arm Circumference (MUAC) - Measuring MUAC. [online] Available at: <https://www.unicef.org/nutrition/training/3.1.3/1.html> [Accessed 1 Jun. 2019].

UNICEF (United Nations Children's Fund), 2019d. Vitamin A. [online] Available at: <https://data.unicef.org/topic/nutrition/vitamin-a-deficiency/> [Accessed 21 Jun. 2019].

Wabitschm, M. and Moß, A., 2018. Übergewicht bei Kindern und Jugendlichen. In: H.K. Bieslaski, S.C. Bischoff, M. Pirlich and A. Weimann, eds., *Ernährungsmedizin. Nach dem Curriculum Ernährungsmedizin der Bundesärztekammer,* 5th ed. Stuttgart: Georg Thieme Verlag, pp.604–618.

Wamani, H., Åstrøm, A.N., Peterson, S., Tumwine, J.K. and Tylleskär, T., 2007. Boys are more stunted than girls in Sub-Saharan Africa: a meta-analysis of 16 demographic and health surveys. *BMC Pediatrics,* [e-journal] 7(1), p.17. http://dx.doi.org/10.1186/s41182-017-0066-5.

Wang, Y. and Chen, H.J., 2012. Use of Percentiles and Z -Scores in Anthropometry. In: *Handbook of Anthropometry: Physical Measures of Human Form in Health and Disease,* 1st ed., [e-book] pp.29-48 New York: Springer-Verlag. http://dx.doi.org/10.1007/978-1-4419-1788-1_2.

Welthungerhilfe, IFPRI (International Food Policy Research Institute) and Concern Worldwide, 2014. *Welthunger-Index 2014: Herausforderung Verborgener Hunger.* [online] Available at: <https://www.globalhungerindex.org/pdf/de/2014.pdf> [Accessed 24 Jun. 2019].

WFP (World Food Programme), 2019a. *IR-EMOP Treatment of malnutrion resulting from drought.* [online] Available at: <https://www1.wfp.org/operations/201069-ir-emop-tre atment-malnutrion-resulting-drought> [Accessed 24 Jul. 2019].

WFP (World Food Programme), 2019b. *Kenya.* [online] Available at: <https://www1.wfp.org/countries/kenya> [Accessed 28 Jun. 2019].

WHO (World Health Organization), 2006. *WHO Child Growth Standards. Legth/height-for-age, weight-for-age, weight-for-lenght, weight-for-height and body mass index-for-age. Methods and developement.* [pdf] Available at: <https://www.who.int/childgrowth/standards/Technical_report.pdf> [Accessed 28 Jul. 2019].

WHO (World Health Organization), 2007. *Assessment of Iodine Deficiency Disorders and Monitoring their Elimination. A Guide for Programme Managers.* 3rd edt. [pdf] Available at: <https://apps.who.int/iris/bitstream/handle/10665/43781/978924159 5827_eng.pdf?sequence=1> [Accessed 18 Jun. 2019].

WHO (World Health Organization), 2008. *Training Course on Child Growth Assessment. WHO Child Growth Assessment. Interpreting Growth Indicators.* [pdf] Available at: <https://www.who.int/childgrowth/training/module_h_directors_guide.pdf> [Accessed 8 Jul. 2019].

WHO (World Health Organization), 2013. *Pocket book of Hospital care for children. Guidelines fpr the Management of common Childhood Illness.* 2nd ed. [e-book] Geneva. Available at: <http://journals.sagepub.com/doi/10.1177/1466424006070493>. [Accessed 17 Jul. 2019].

WHO (World Health Organization), 2016a. *ICD-10 Version:2016.* [online] Available at: <https://icd.who.int/browse10/2016/en> [Accessed 17 Jun. 2019].

WHO (World Health Organization), 2016b. *The WHO Child Growth Standards. WHO.* [online] Available at: <https://www.who.int/childgrowth/standards/en/> [Accessed 26 Jul. 2019].

WHO (World Health Organization), 2018a. *ICD-11 - Mortality and Morbidity Statistics.* [online] Available at: <https://icd.who.int/browse11/l-m/en> [Accessed 17 Jun. 2019].

WHO (World Health Organization), 2018b. *Obesity and overweight.* [online] Available at: <https://www.who.int/news-room/fact-sheets/detail/obesity-and-overweight> [Accessed 25 Jun. 2019].

WHO (World Health Organization), 2018c. *World Malaria Report 2018.* [online] Geneva. Available at: <www.who.int/malaria>. [Accessed 15 Jun. 2019].

WHO (World Health Organization), 2019a. WHO | World Health Organization. [online] WHO (World Health Organization). Available at: <https://www.who.int/> [Accessed 23 May 2019].

WHO (World Health Organization), 2019b. *WHO | Decade of Action on Nutrition.* [online] Available at: <https://www.who.int/nutrition/decade-of-action/information_flyer/en/> [Accessed 22 Jun. 2019].

WHO (World Health Organization) and FAO (Food and Agriculture Organization of the United Nations), 2004. *Vitamin and mineral requirements in human nutrition.* 2nd edt. [pdf] Available at: <https://apps.who.int/iris/bitstream/handle/10665/42716/9241546123.pdf> [Accessed 23 Jul. 2019].

Wolter, S., 2009. Gesundheit und Ernährung. In: E. Hackenbruch, ed., *Go International! Handbuch zur Vorbereitung von Gesundheitsberufen auf die Entwicklungszusammenarbeit und humanitären Hilfe.*, 2nd ed. Bern: Verlag Hans Huber, pp.196–208.

Printed in the United States
By Bookmasters